ZOO BASEL

Die Stadt-Oase neu entdecken

Jennifer Degen
Lukas Meili

Christoph Merian Verlag

ZOO
HAUPTEINGANG
PARKPLATZ
VIVARIUM
1
2
3
4
36
37
38
39
40

RESTAURANT
VOGELHAUS
AFFENHAUS
SPIELPLATZ
KINDERZOO
28
30
27
31
29
33
26
35
32
34
5
7
6
10
9
8

ÖFFNUNGSZEITEN
365 Tage im Jahr geöffnet.
Mai bis August
März, April / September, Oktober
November bis Februar
8.00 bis 18.30 Uhr
8.00 bis 18.00 Uhr
8.00 Uhr bis 17.30 Uhr

1
Willkommen im Zolli

«Schön, dass Sie da sind! Ich habe Sie schon von Weitem gesehen, von der Kasse aus habe ich alles im Blick. Ich sehe täglich so viele Menschen ein- und ausgehen, dass ich oft schon im Voraus ahne, wonach sie fragen werden und welche Sprache sie sprechen. Es kommen sehr viele Leute aus Frankreich und Deutschland in den Zolli, und wir haben ein treues Publikum aus der Region Basel und der Romandie. Manche sehe ich sogar täglich, wenn sie im Zolli ihre Morgenrunde drehen.

Hier an der Kasse zu arbeiten, ist für mich der schönste Job der Welt. Fast alle unsere Gäste sind gut gelaunt und freuen sich auf den Zoobesuch. Seien es Grosseltern mit ihren Enkelkindern, Ausflügler, Kinderkrippen, Touristengruppen oder Schulklassen. Mit Eltern, die völlig entnervt zu mir an die Kasse kommen, fühle ich natürlich mit. Manchen steht ins Gesicht geschrieben, dass sie die Kinder bei der Anreise den letzten Nerv gekostet haben. Doch zum Glück geht es jetzt in den Zolli – zu den Tieren, aufs Klettergerüst und zum Zolli-Cornet.

Mir gefällt es, wenn an der Kasse so richtig Betrieb ist. Während an einem normalen Tag gegen zweitausend Personen den Zooeingang passieren, können es an Feiertagen gut und gerne siebentausend Besucherinnen und Besucher sein. Dann laufen wir hier zur Hochform auf: Es wird informiert, verkauft und beraten, und am Ende des Tages sortieren wir Jäckli, Nuggi, Handys und Rucksäcke. Wir sind hier auch Fundbüro, und schon manch einer hat im Zoo seine Brille liegen lassen. Auch Kinderwagen sind schon hiergeblieben.

Ein besonderer Tag ist der 1. April. Dann klingelt im Zolli ununterbrochen das Telefon. Ob Frau Wolf zu sprechen sei – diese habe angerufen und um einen Rückruf gebeten. Oder ob Herr Bär heute bei der Arbeit sei. Die Reaktion der Leute ist unbezahlbar, wenn sie merken, dass sie auf den Aprilscherz eines Kollegen hereingefallen sind. Unterdessen arbeitet sogar ein Herr Bär bei uns! Wir fragen dann jeweils, ob sie den zwei- oder den vierbeinigen Herrn Bär sprechen möchten. Wobei wir momentan ja gar keine Bären halten.

In den fünfzehn Jahren, die ich hier an der Kasse arbeite, bleibt mir ein Erlebnis unvergessen. Da sass ich an der Dorenbachkasse, als eine Dame ganz aufgeregt zu mir kam. «Die Strausse sind auf dem Dorenbachkreisel!», rief sie und schilderte mir, wie die Tiere im Blumenbeet in der Kreiselmitte herumspazierten. «Sind Sie sicher, sind es keine Pfauen?», fragte ich zurück. Denn dass unsere Pfauen Ausflüge auf den Kreisel machten, daran waren wir gewohnt. «Nein, nein, es sind Strausse!», behauptete die Frau beharrlich. Als sie schliesslich im Zolli verschwand, griff ich vorsichtshalber doch zum Telefon und rief beim Straussenpfleger an. All seine Schützlinge waren brav im Stall – es werden doch die Pfauen gewesen sein ...»

Susanne Spalinger, Hauptkassiererin Zoo Basel

Bekanntes Gesicht: Hauptkassiererin Susanne Spalinger heisst seit fünfzehn Jahren die Besucherinnen und Besucher des Zoo Basel willkommen.

2
Die Stadt-Oase neu entdecken

«Mit diesem Buch möchte ich Sie zu einem Rundgang einladen – zu einer Entdeckungstour durch den Zoo Basel und zu einem Rundgang durch die Zeit, die der Zoo durchlebt hat. Seit 150 Jahren wird der ‹Zolli›, wie er von den Baslerinnen und Baslern liebevoll genannt wird, von der Bevölkerung besucht, getragen und unterstützt.

Der Zolli ist eine Oase mitten in der Stadt, wo Lärm und grauer Beton gleich nach dem Eingang in den Hintergrund treten. Eine Welt voller Grün und Tierstimmen empfängt das Publikum. Verschlungene Wege durch die naturnahe Landschaft eröffnen immer wieder ‹Fenster›, die zur Beobachtung der Tiere einladen. Beim Weitergehen schliesst sich das Fenster wieder, um schon bald den Blick auf die nächste Tieranlage freizugeben. Dank dieser mit viel Feingefühl entwickelten Gartengestaltung werden die Besucherinnen und Besucher von passiven Konsumenten zu interessierten, aktiven Entdeckerinnen und Beobachtern von immer wieder neuen Tieren. Auch in diesem Buch gibt es viel Neues zu entdecken – neben den Einblicken in die Tierwelt zeigt es auch die Arbeit, die ein moderner Zoo leistet, wie sich seine Aufgaben im Laufe der Zeit geändert haben und welche Entwicklungen für die Zukunft geplant sind.

Die Raison d'être moderner Zoos beruht auf vier Aufgabenbereichen: Erholung als zentrales Element, neben Bildung, Forschung und Naturschutz. Erholung ist eine Voraussetzung für alle anderen Bereiche, denn nur wenn sich der Mensch entspannt und wohl fühlt, ist er offen, Neues zu lernen und sich Zeit zum Beobachten zu nehmen. Damit die Beobachtungen auch zu neuen Erkenntnissen führen, hat der Zoo qualitativ hochstehende Themenanlagen konzipiert, in denen sich die Tiere artgemäss verhalten können, was wiederum bei den Besucherinnen und Besuchern positive Emotionen weckt.

Im Zoo geschieht dies über alle Sinne: Man begegnet lebenden Tieren, kann sie riechen und manche im Kinderzoo sogar anfassen. So entstehen bleibende Eindrücke. Berührt vom direkten Erleben der Natur ist der Besucher, die Besucherin bereit, mehr über die Zusammenhänge in der Natur und über die Rolle von Zoos im Artenschutz zu erfahren. Das regt an, sich zu überlegen, wie man den Zoo in seinen vielfältigen Aufgaben selbst aktiv unterstützen kann. Zum Beispiel, indem man eine Tierpatenschaft abschliesst, dem Freundeverein beitritt oder den freiwilligen Naturschutzfranken aufs Eintrittsticket entrichtet.

Unsere Gäste erfahren sowohl im Zolli selbst als auch in diesem Buch, wie Zoos die Forschung unterstützen. Und wie dies einerseits dem Wissensgewinn dient und andererseits dem Schutz der Arten in ihren Lebensräumen. Dabei handelt der Zolli nicht im Alleingang, sondern in Zusammenarbeit mit anderen Zoos, Universitäten und Naturschutzorganisationen.

In einer Zeit, die von Urbanisierung, Klimawandel und dem Aussterben von Tierarten geprägt ist, ermöglichen Zoos den Menschen, die Natur zu erleben, sie lieben zu lernen und sich dank dieser Liebe für ihren Schutz einzusetzen. Dazu leistet dieses Buch einen wichtigen Beitrag. In diesem Sinne wünsche ich dem Zolli: vivat, crescat, floreat ad multos annos … oder sehr frei übersetzt: Zolli, i lieb di!»

Dr. Olivier Pagan, Direktor Zoo Basel

Olivier Pagan, Zoodirektor seit 2002, lädt ein zu einem Rundgang durch die grüne Oase mitten in Basel.

3 Rückzugsort für Tier und Mensch

Eine Oase mitten in der Stadt

Zwischen den Gehegen tummeln sich im Zolli unzählige Tiere und Pflanzen. Sie finden in den Bäumen, Sträuchern und Wiesen wichtige Rückzugsorte. Das viele Grün hat auch auf das Stadtklima einen unerwarteten Effekt.

Der Zolli ist eine Oase. Eine, die nicht nur in der flirrenden Sommerhitze Zuflucht bietet, sondern auch im Januar. Wenn andernorts alles steif und starr ist, frieren die Weiher beim Vivarium auch bei Minusgraden nicht zu, denn sie werden von relativ warmem Grundwasser gespeist. Das ruft zwei besondere Oasengäste auf den Plan: Die einen zeichnen sich durch ein schillerndes blau-oranges Federkleid aus, die anderen durch riesige Linsen. Die einen suchen nach kleinen Fischen, die anderen nach dem perfekten Bild. Die Rede ist vom Eisvogel und von den zahlreichen Fotografinnen und Fotografen, die mit ihren grossen Objektiven dem kleinen Vogel hinterherjagen. Denn an kaum einem anderen Ort in der Region bekommt man den Eisvogel im Winter so gut vor die Linse wie im Zolli.

Der Eisvogel ist kein eigentliches Zolli-Tier, sondern eine der über dreitausend Tier- und Pflanzenarten, die zwischen den Gehegen leben – also in den Wiesen, Bäumen, Büschen und Weihern abseits der Tieranlagen. Es sind Insekten, Säugetiere, Reptilien, Vögel, aber auch Flechten, Blumen oder Pilze, die sich hier entfalten. 113 davon stehen gar auf der Roten Liste bedrohter Tier- und Pflanzenarten, wie eine Untersuchung ergab, die 2008 von einem Team rund um den Biologen Bruno Baur durchgeführt wurde. Darunter etwa die Zauneidechse, die Wasserfledermaus oder eben der Eisvogel. Dank der vielen Kleinstrukturen bietet ihnen der Zolli Unterschlupf, Nahrung und – im Gegensatz zu anderen Grünflächen in der Region – auch nachts Ruhe und Dunkelheit.

Willkommenes Winterrevier: Weil die Weiher im Zolli wegen des warmen Grundwassers nicht zufrieren, finden Eisvögel auch im Winter Fische. Sie tauchen beim Jagen bis zu sechzig Zentimeter tief ins Wasser.

Entspannung für die Augen

Der Zoo Basel ist auch für viele Menschen ein Zufluchtsort. Mit den über tausend Bäumen, die auf dem vergleichsweise kleinen Areal von elf Hektaren wachsen, ist er eine veritable Waldoase. Eine, in der man sich sogar verirren kann, denn der Zolli fühlt sich grösser an, als er tatsächlich ist. Das ist keiner Fata Morgana geschuldet, sondern dem Landschaftsgestalter Kurt Brägger. Er war von 1954 bis 1988 im Zoo tätig und entwickelte das Konzept, das dem Garten sein heutiges Aussehen gibt. Wie in einem englischen Garten verlaufen die Besucherwege stets leicht gekrümmt, was den Effekt hat, dass sich keine weiten Blickachsen auftun. Stattdessen fällt der Blick immer wieder auf Bäume, Büsche und Sträucher. Der Zoo erscheint dadurch grösser, und die Augen können sich nach der Tierbeobachtung im Grünen entspannen.

Dieses Prinzip der verschlungenen Wege hat Brägger auch im Vivarium angewendet, an dessen Konzeption er beteiligt war. Seine Nachfolger, die Landschaftsarchitekten August Künzel, Rainer Zulauf und Maurus Schifferli, haben Bräggers Ideen weiterentwickelt.

Klimaanlage ohne Strom

Wie es Oasen so an sich haben, entfalten sie erst in drückender Hitze ihr volles Potenzial. Dann spenden die vielen Bäume nicht nur den Besucherinnen und Besuchern des Zolli Schatten, sie erfrischen auch die Stadt. Denn die vom Leimental herkommenden Luftströme kühlen sich im Zolli dank der dichten Vegetation um mehrere Grad ab, bevor sie in die Stadt weiterziehen – eine durch und durch ökologische Klimaanlage.

4 Wunderwelt hinter Glas

Das Vivarium als technische Meisterleistung

Im Besuchergang ist das Vivarium still und verwunschen. Doch hinter den Kulissen arbeitet die Technik auf Hochtouren – sonst gäbe es in den Schaubecken nicht viel zu sehen. Ein Rundgang durch das Haus zeigt, wo der erste Eindruck sonst noch täuscht.

Wir Menschen sind für ein Leben an Land gemacht, hier funktionieren unsere Sinne am besten. Unter Wasser ist plötzlich alles anders. Laute Geräusche werden zu dumpfem Rauschen, die Sicht wird unscharf, der Körper leicht. Ähnlich verhält es sich im Vivarium: Wer hier in die Unterwasserwelt hinabsteigt, erlebt eine Sinnestäuschung nach der anderen. Im Schaubecken 18 entpuppt sich ein algenüberwachsener Felsblock als gut getarnter Steinfisch. Die dürren Zweige im Schaubecken 28 erweisen sich bei näherer Betrachtung als Nadelwelse. Und auch bei der *Stylophora pistillata* im Schaubecken 39 täuscht der erste Eindruck: Wie ein Kaktus steht die Koralle inmitten der flackernden Unterwasserlandschaft. Tatsächlich sind Korallen aber Tiere, zusammengebaut aus unzähligen kleinen Korallenpolypen, die auf einem Kalkskelett sitzen.

Gut getarnte Maschinen

Damit Korallen im Aquarium gedeihen, müssen Temperatur, Licht und Wasserqualität perfekt aufeinander abgestimmt sein. Dafür braucht es eine komplexe Technik. Auch sie ist im Vivarium bestens getarnt. Das wird klar, wenn Techniker Dany Ammann hinter die Kulissen führt. Denn während auf der Besucherseite verwunschene Unterwasserstimmung herrscht, brummt und blubbert es hinter den Aquarien. In dem Raum, wo Ammanns Kontrollrundgang startet, arbeitet ein lärmiger Filter. «Jedes der 51 Schauaquarien hat eine eigene Filteranlage, die das Wasser reinigt», erklärt der gelernte Elektromonteur, der seit 2002 im Vivarium tätig ist. Manche Filter seien so gross wie ein Reisekoffer, andere nähmen ganze Räume ein. «Ein solcher Riesenfilter befindet sich unterhalb des Pinguinbeckens, wo wir gerade stehen. Hier läuft das Wasser der ganzen Anlage durch und wird mittels Bakterien gereinigt.»

Der Blick in die tropische Rifflandschaft offenbart eine Vielfalt an Lebewesen. Die braune, astartige Steinkoralle hinter den beiden Banggai-Kardinalbarschen ist ein Tier, keine Pflanze.

Die nächste Station ist die Heizzentrale im Keller – ein wichtiger Halt, denn ohne genaue Regulierung der Luft- und Wassertemperatur wäre es nicht möglich, kältebedürftige Pinguine neben tropischen Echsen zu halten und kühle Süsswasserbecken neben warmen Korallenaquarien zu betreiben. Zahlreiche Rohre führen von einem kleinen Kraftwerk weg, schlängeln sich der Decke entlang in verschiedene Bereiche des Vivariums und versorgen diese mit Strom und Wärme. Wenn etwas nicht stimmt, würde die elektrische Steuerung sofort Alarm schlagen. Dennoch wirft Dany Ammann noch ein Auge auf die analogen Druckanzeiger. So hat er auch schon Fehler entdeckt, die der automatischen Überwachung entgangen waren.

Ständig kontrolliert und verbessert

Als das Vivarium am 27. März 1972 nach achtjähriger Planungs- und Bauzeit seine Türen öffnete, waren Publikum und Presse gleichermassen beeindruckt. Die ‹Basler Nachrichten› priesen den «ungeheuren technischen und gestalterischen Aufwand», der betrieben wurde, um dem Publikum all die unterschiedlichen Lebensräume näherzubringen. Auch Dany Ammann zieht vor den damaligen Bauherren den Hut. «Damals gab es keine digitalen Messgeräte für Salzgehalt oder Wasserzusammensetzung. Es war eine technische Meisterleistung, das Haus zum Laufen zu bringen.»

↑
Das bei Stromausfall überlebenswichtige Notstromaggregat kontrolliert Techniker Dany Ammann einmal pro Monat persönlich.

←
Der Heizungskeller sieht über fünfzig Jahre nach Eröffnung des Vivariums noch fast gleich aus – nur erfolgt die Steuerung heute elektronisch.

Inzwischen sparen moderne Filtersysteme effizient Wasser und robustere Kunststoffrohre reduzieren den Materialverschleiss. Besonders in der Lichttechnik habe sich seit 1972 viel getan, sagt Ammann. Die Haltung und Zucht von Korallen war zum Beispiel damals fast nicht möglich. Denn die Tiere leben in Symbiose mit einer Alge, die auf Sonnenlicht angewiesen ist. Die Koralle lässt sie sozusagen bei sich wohnen und erhält dafür Nährstoffe, die durch die Photosynthese anfallen. Lampen, welche die Sonne simulieren, gibt es erst seit den 1980er-Jahren. Und à propos Licht: Die wunderschönen Farben, in denen Korallen leuchten, stammen nicht von den Korallenpolypen, sondern von der Alge – eine Täuschung mehr!

Stille wäre das Schlimmste

Auf Dany Ammanns Morgenrundgang wächst die Liste der kontrollierten Maschinen: Grundwasserpumpen im Keller, Entsalzungsanlage, Meerwasser-Mischanlage. Nach einer knappen Stunde ist der Techniker durch, doch das Wummern und Rauschen der Geräte hallt im Kopf nach. Auf die Geräuschkulisse angesprochen, lacht er nur. «Richtig schlimm ist es erst, wenn es mucksmäuschenstill ist.» Das hat er erst zweimal erlebt – beide Male war die Abschaltung jedoch kontrolliert. Viel häufiger seien kleinere Pannen: Hier steigt ein Filter aus, da streikt eine Luftpumpe. Dann müsse er jeweils schnell reagieren und im Notfall unter Zeitdruck eine Lösung improvisieren. «Eine ausgestiegene Heizung im Nashornhaus ist für die Tiere schlimmstenfalls unangenehm, im Vivarium kann dadurch ein ganzes Aquarium sterben», sagt Ammann. «In solchen Momenten bin ich sehr froh um meine Erfahrung.»

Auch für die Korallen wären Temperaturschwankungen eine Katastrophe. Veränderungen von wenigen Grad können ausreichen, dass die Alge eingeht. Ohne ihren Symbionten fehlt der Koralle das Futter, sie bleicht aus und stirbt. Diese ‹Korallenbleiche› passiert derzeit überall in den Ozeanen, wo das marine Leben wegen der Klimaerwärmung in Hitzestress gerät – Probleme, welche die *Stylophora pistillata* im Schaubecken 39 nicht hat. Dank Dany Ammanns Morgenrundgang beginnt für sie ein weiterer sorgloser Tag.

5
Vom Boden bis in luftige Höhen
Der Arbeitsalltag der Zolli-Gärtner

Die Männer der Zolli-Gärtnerei sind überall im Garten im Einsatz. Sie pflegen Bäume und Sträucher, reinigen die Gehwege und versorgen die Nashörner mit Heu. Der Baumpfleger Danijar Rohner erzählt, was das Besondere an seiner Arbeit ist.

«Im Zoo Basel stehen über 1100 Bäume, und sie müssen alle regelmässig geschnitten und gepflegt werden. Heute kümmere ich mich um eine Hagebuche, sie befindet sich bei den Bauminseln unweit des Eingangs. Ich befreie ihre Baumkrone von abgestorbenen Ästen, die auf die Besucherwege herunterfallen könnten. Die Hagebuche ist der häufigste Baum im Zolli, sie ist rund 120 Mal im Garten vertreten. Es ist ein robuster, einheimischer Baum, und an seinen Nüsschen haben die vielen Eichhörnchen Freude. Ich mag auch seinen französischen Namen: ‹Charme›. Haben nicht alle Bäume etwas Charmantes an sich? Für meine heutige Arbeit an der Hagebuche reicht eine Leiter aus. Andere Bäume im Zolli sind dreissig oder vierzig Meter hoch. Bei ihnen muss ich klettern, um nach ganz oben zu kommen. Von oben fällt mir dann jeweils auf, wie grün der Zoo ist. Ein richtiger Dschungel mitten in der Stadt. Das Gefühl, über die Baumkronen hinauszublicken, ist unbeschreiblich schön. Hektik und Stress bleiben am Boden zurück, der Blick geht in die Weite. Leise ist es dort oben aber nicht. Von unten hört man die Menschen und Tiere, und rundherum dröhnt der Stadtlärm: Strassen, Züge, Baustellen.

Etwa drei Tage pro Woche arbeite ich auf den Bäumen. In der restlichen Zeit erledige ich andere Gärtnerarbeiten. Der Kern unseres Teams besteht aus sieben Leuten, die alle einen fachlichen Hintergrund haben: Einer ist Baumschulist, ein anderer Landschaftsgärtner, wir haben aber auch einen Forstwart oder einen Landwirt. Es helfen jeden Tag auch Ablöserinnen und Ablöser aus den Tierdiensten mit, sonst wäre die Arbeit nicht zu bewältigen.

Arbeit im Grünen: Baumpfleger Danijar Rohner beim Schneiden einer Hagebuche – einem von über 1100 Bäumen im Zoo Basel.

Die Bezeichnung ‹Gärtnerteam› wird unseren Aufgaben eigentlich nicht ganz gerecht, denn neben der Pflege von Bäumen, Sträuchern und Wiesen kümmern wir uns um ganz viele andere Dinge. Wir reinigen die Gehwege, räumen im Herbst das Laub weg und beseitigen im Winter den Schnee. Wir bringen täglich frisches Gras zu den Tieren, holen im Wald oder auf Obstplantagen Futteräste und verteilen sie im Zoo und schneiden ausserdem Schilf und Bambus für die Heuschreckenzucht.

Mit unseren Elektrowägeli fahren wir sicher zehnmal pro Tag durch den ganzen Zoo. Dadurch haben wir von allen Angestellten wohl am meisten Kontakt zu den Besucherinnen und Besuchern. Sie fragen uns nach dem Weg oder teilen uns ihre Beobachtungen mit. Wenn wir um 7.15 Uhr mit der Arbeit beginnen, ist der Zoo hingegen noch leer. Ich geniesse diese Zeit, dann ist alles noch frisch und unberührt. Heute war ich frühmorgens ‹fötzele›, das heisst, ich bin mit Greifzange und Kessel durch den Garten gelaufen und habe Papierli und Zigarettenstummel aufgesammelt. Ich finde diese Arbeit nicht mühsam. Ich komme dabei in alle Ecken des Gartens und sehe jeden Tag etwas Neues.

Mich erfüllt es mit Stolz, im Zoo zu arbeiten. Bestimmt träumen viele Menschen von einer Arbeit, bei der man Tieren so nahe kommt. Kürzlich habe ich auf der Kudu-Anlage einen Baum geschnitten, der zu den Giraffen hinüberragte. Plötzlich bemerkte ich direkt unter meinen Füssen einen Giraffenkopf. Aus der Nähe ist er viel grösser, als er von unten aussieht. Ich hing etwas ratlos im Seil und wusste nicht recht, ob ich mich zurückziehen sollte. Nach ein paar Augenblicken verschwand die Giraffe wieder und liess mich im Baum meine Arbeit tun.»

6
Ein Goldesel geht auf Reisen
Umzug in einen anderen Zoo

«Der Wert dieses Tieres ist nicht mit Gold aufzuwiegen», sagt ihr Pfleger Marc Brandenberger, der bei der Untersuchung den Kopf der Stute stützt. Er meint den Wert ihrer Gene, denn ‹Salia› ist die Tochter von Wildesel-Hengst ‹Adam›, der eine sehr seltene Abstammung hat. Er kommt aus einem Park in Israel, der im Jahr 1972 Tiere aus der äthiopischen Wildbahn beschaffte. Auch der Zoo Basel importierte 1970 Somali-Wildesel aus Somalia. Mehr als diese beiden Fangaktionen für Somali-Wildesel gab es nicht, weshalb Zoos in Europa möglichst mit den bereits vorhandenen Tieren züchten müssen.

Genetisch seltene Zootiere sind für die Zucht besonders gefragt. Sie werden zwischen Zoos in ganz Europa ausgetauscht, und eine Partnervermittlung bestimmt, wo der ideale Partner auf sie wartet. Die Tiere reisen gut vorbereitet und umsorgt.

Somali-Wildeselstute ‹Salia› hat es längst bemerkt. Irgendetwas ist anders an diesem Morgen. Ihre Boxe ist dick eingestreut – so viel Stroh auf dem Boden hat es sonst nie – und ihr Vater ‹Adam› ist nicht wie gewohnt draussen auf der Anlage, sondern wartet mit ihr und ihrer Mutter im Stall. Vielleicht nimmt ‹Salia› auch die Anspannung ihres Pflegers Marc Brandenberger wahr. Als die anderen Wildesel hinaus auf die Anlage dürfen und nur sie drinnen bleibt, geht es plötzlich schnell: Ein per Blasrohr losgeschickter Betäubungspfeil trifft sie, und nach wenigen Minuten sinkt ‹Salia› in die dicke Strohmatratze, die ihr Pfleger in der Boxe vorbereitet hat. Draussen steht schon ein Lastwagen mit der Aufschrift ‹Crossborder Animal Services› bereit. Diese internationale Tierspeditionsfirma ist auf den Transport von Wildtieren spezialisiert.

Gesundheitscheck vor der Reise

Damit ‹Salia› in den Lastwagen geladen werden kann, muss sie kurzzeitig in Narkose gelegt werden. Anders als etwa ein Pferd, das den Umgang mit Menschen gewohnt ist, kann ein Somali-Wildesel nicht von einem Betreuer in den Lastwagen geführt werden. Somali-Wildesel sind dafür zu scheu und teils auch zu gefährlich, und man vermeidet im Zoo Basel den direkten Kontakt mit ihnen. Jetzt, wo ‹Salia› schläft, können sich Zootierärztin Fabia Wyss und Zootierarzt Christian Wenker dem Tier nähern. Sie machen ein paar Untersuchungen: Blut entnehmen, Fieber messen sowie Zähne und Hufe kontrollieren. Weil das Narkosemittel die Atmung verlangsamen kann, wird ‹Salia› dabei durch einen Schlauch in der Nase zusätzlich mit Sauerstoff versorgt.

Koordiniertes Partnerglück

Seit das Washingtoner Artenschutzabkommen CITES (Convention on International Trade in Endangered Species of Wild Fauna and Flora) von 1973 den Handel mit gefährdeten Arten freilebender Tiere und Pflanzen auf internationaler Ebene regelt, können nur noch ausnahmsweise bedrohte Tierarten aus der Natur entnommen werden. Um die genetische Vielfalt der Zootier-Population zu erhalten, ist es deshalb unabdingbar, dass Tiere zwischen den Zoos ausgetauscht werden. Zur Koordinierung dieses Austausches bestehen für bedrohte Tierarten internationale Zuchtbücher, in denen weltweit sämtliche Zootiere einer Art erfasst sind. Innerhalb von Europa gibt es wiederum für viele bedrohte Tierarten ein Erhaltungszuchtprogramm, das bestimmt, welches Tier sich aufgrund seiner Gene mit welchem Tier paaren sollte. Im Falle der Somali-Wildesel führt der Zoo Basel dieses Zuchtbuch und koordiniert auch das Erhaltungszuchtprogramm. Diese Aufgabe kommt jeweils einem Zoo zu, der in der Haltung und Zucht einer Tierart als besonders erfahren gilt.

Die Biologin Beatrice Steck, die im Zoo Basel das Erhaltungszuchtprogramm für Somali-Wildesel betreut, wirkt sozusagen als Partnervermittlungsagentur. Ihr melden alle Zoos aus der EAZA (European Association of Zoos and Aquaria), wenn sie einen Somali-Wildesel abzugeben haben. Steck schaut dann, welcher Zoo ein Tier aufnehmen könnte, und sucht die Variante aus, die genetisch am sinnvollsten ist. So ist auch der Entscheid gefallen, Wildesel-Stute ‹Salia› in den Tiergarten Nürnberg zu schicken.

Somali-Wildesel sind stark gefährdet. In der Natur leben noch zwischen 50 und 200 Tiere, in Menschenobhut rund 270. Umso wichtiger ist ihre Nachzucht in Zoos.

Mwana
24.8.2017

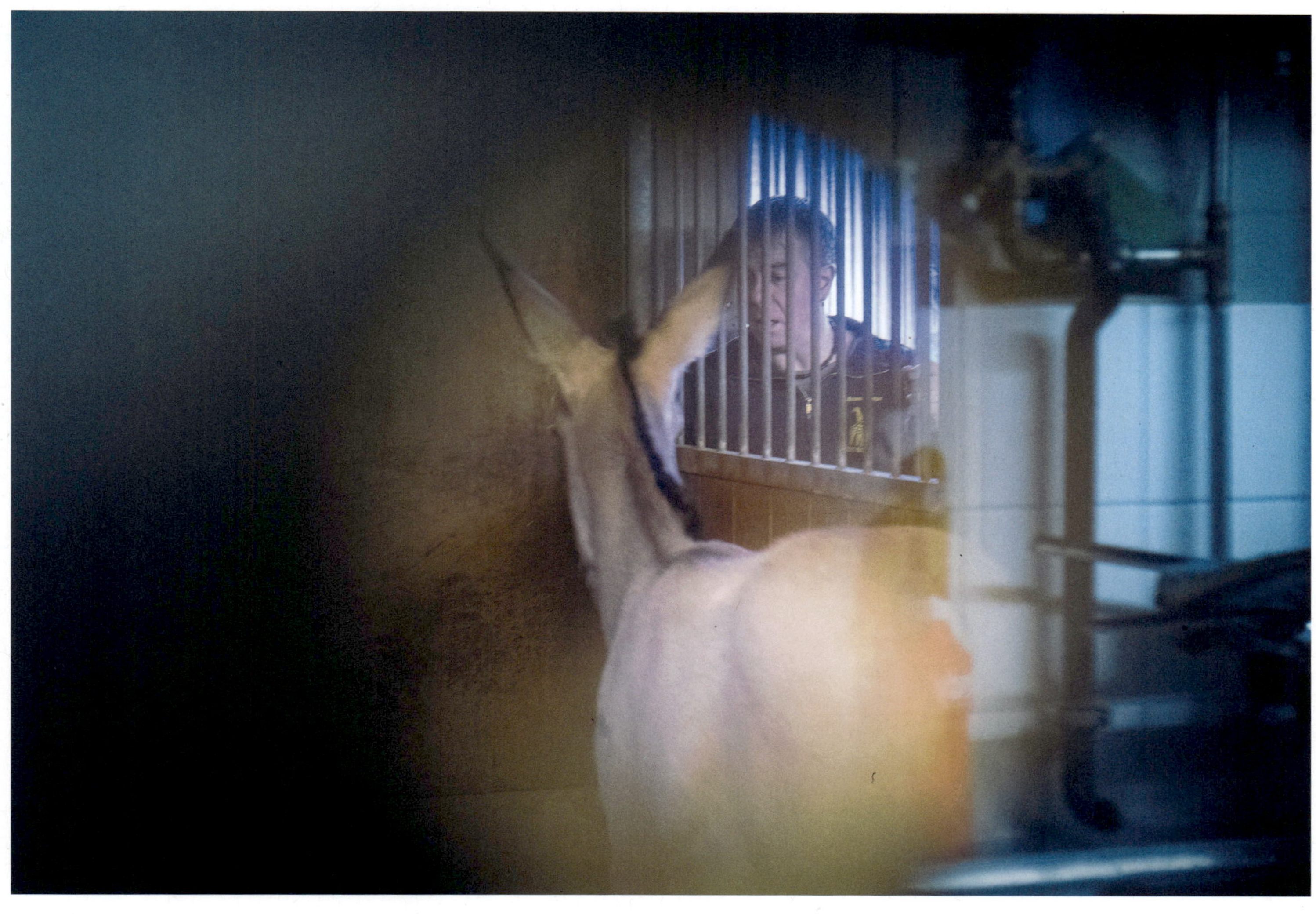

Tierpfleger Marc Brandenberger wirkt beruhigend auf die Wildeselstute ein.

Behörden-Marathon im Voraus

Damit ein Zootier auf Reisen gehen kann, braucht es im Vorfeld eine minutiöse Vorbereitung. «Es ist vor allem eine Koordinationsarbeit», sagt Alfredo García, der im Zoo Basel rund fünfzig Tiertransporte pro Jahr organisiert. Er beantragt die Bewilligungen bei der CITES-Behörde, die den Handel von geschützten Tieren überwacht, regelt die Zollformalitäten, holt Offerten bei erfahrenen Tiertransporteuren ein und sucht im Zoo zusammen mit den Schreinern und Kuratorinnen die passende Transportkiste aus.

Im Keller des Betriebsgebäudes lagern gegen hundert verschiedene Kisten von gross bis ganz klein. Sie müssen internationalen Standards entsprechen. Ebenso reglementiert sind die tierärztlichen Untersuchungen, bevor ein Tier ein- oder ausreisen darf. «Wir nehmen jeweils mit dem Empfänger- oder Absenderzoo Kontakt auf, um die gewünschten und amtlich vorgeschriebenen Untersuchungen zu besprechen», sagt Zootierarzt Christian Wenker. «Und ganz zum Schluss bestätigen wir mit unserer Unterschrift, dass das Tier transportbereit ist. ‹Fit for travel› heisst es dann offiziell auf den Transportdokumenten.»

↖
Zootierärztin Fabia Wyss narkotisiert den Somali-Wildesel per Blasrohr.

←
Am schlafenden Tier macht Zootierarzt Christian Wenker die vom Empfängerzoo gewünschten Gesundheitschecks.

Ruhige Reise

‹Salia› liegt nach wie vor tief schlafend im Stroh und das Tierärzte-Team macht letzte Untersuchungen. Dann wird sie von Tierpflegern auf einer Schleppmatte vorsichtig in den Anhänger getragen. Dort spritzt ihr Zootierärztin Fabia Wyss ein Gegenmittel, und nach wenigen Minuten steht die Stute wieder auf den Beinen. Sie auf dem Transport einfach durchschlafen zu lassen, ist keine Option, denn eine lange Narkose ohne Überwachung wäre zu risikobehaftet. Damit ‹Salia› die Reise im Wachzustand gut übersteht, haben ihr die Tierärzte zwei Tage vor dem Transport ebenfalls per Blasrohr ein Beruhigungsmittel gespritzt, das jetzt seine volle Wirkung entfaltet. Es erleichtert dem Wildtier später zudem die Eingewöhnung in der neuen Umgebung und klingt nach vierzehn Tagen wieder ab. ‹Salia› scharrt im Anhänger und wird allmählich ungeduldig. Es ist das Zeichen, dass sie ganz wach ist und der Transport losgehen kann. Der Fahrer steigt in den Lastwagen und fährt über die engen Zoowege in Richtung Ausgang. Alfredo García greift zum Telefon und informiert das kantonale Veterinäramt und den Zoll, dass der Transport unterwegs ist. Die Tore des Zoos gehen auf und der Lastwagen rollt hinaus. Gute Reise, ‹Salia›!

7 Natur für Stadtmenschen

Der erste Zoo der Schweiz

Die Basler Bevölkerung strömte im Eröffnungsjahr 1874 in Scharen in den Zoologischen Garten. Die Menschen bestaunten Steinböcke, Hirsche, Wildschweine und Vögel – von Giraffen und Elefanten keine Spur.

Wer sich im Zolli beim Entenweiher auf ein Bänkli setzt und den Stockenten beim Dahingleiten auf dem Wasser zusieht, kann sich schon mal in dieser Szenerie verlieren. Und sich ein Schmunzeln nicht verkneifen, wenn die Schwarzschwäne mit gereckten Hälsen und viel Nachdruck versuchen, die Enten aus ihrem Revier zu vertreiben.

Solche Momente der Musse dürften auch die Besucherinnen und Besucher 1874 im neu eröffneten Zoologischen Garten erlebt haben. Fernab der rauchenden Fabrikkamine konnten sie die Tiere, das Grün und die Ruhe auf sich wirken lassen und sich von der Arbeit in der Farbenindustrie erholen. In dieser Absicht hatten Vertreter der Ornithologischen Gesellschaft Basel den Zoo im Jahr 1873 gegründet: Sie wollten den Stadtmenschen insbesondere die Vogelwelt wieder näherbringen und handelten aus Sorge um die Naturverbundenheit der Bevölkerung. Die rasant gewachsene Stadt habe «den Sinn für das freie Aufathmen in Gottes schöner Natur» schwinden lassen, ist einem Schreiben von 1873 zu entnehmen. Man sei von der Arbeit in den Fabriken derart erschöpft, «dass feiertägliche Ausflüge in noch nicht von der Kultur ernüchterte, freie Natur dem grössten Theil der Stadtbewohner fremd geworden sind».

Alpentiere in der Stadt

Vorbild der Gründung waren andere europäische Städte mit zoologischen Gärten. Es sollte die hiesige Natur sein, der die Menschen im Zoo begegneten – entsprechend setzte man in den ersten Jahren vor allem auf Alpentiere und auf Tiere aus Europa: Hirsche, Gämsen, Rehe, Steinböcke, Wildschweine, Raubvögel, Luchse, Dachse, Bären, Fischotter und Biber – und eben Stelz- und Wasservögel. Wie in den Jahresberichten zu lesen ist, lebten die Tiere in sogenannten «Thierwohnungen». Diese waren so gestaltet, wie man es für die jeweilige Art passend glaubte: Die Hirsche und Rehe bewohnten ein Hirschhaus, das an ein Jagdschlösschen erinnerte. Dem Bergwild errichtete man «ein von Tannen umstandenes, romantisches Miniatur-Felsgebirge», während Bären und Eulen in «dunklen Gelassen und Gemäuern» untergebracht waren. Gut fünfhundert Tiere hielt der Zoo bei seiner Eröffnung, die Belegschaft bestand aus vier «Tierwärtern», dem Direktor, einem Buchhalter, einem Gärtner und einem Gehilfen.

Die Eröffnung am 3. Juli 1874 war ein riesiger Erfolg. Basel war als erster Schweizer Stadt die Gründung eines Zoologischen Gartens gelungen – Bern war mit dem gleichen Vorhaben einige Jahre zuvor gescheitert. Rund 62 000 Besucherinnen und Besucher wollten diese Neuheit im ersten Jahr sehen, bei einer Stadtbevölkerung von 50 000 Menschen ein stolzes Resultat. Zwar bestand bereits seit 1871 der Tierpark Lange Erlen, doch zeigte dieser frei zugängliche Park in erster Linie Schwäne, Hirsche, Rehe und Ziegen.

Für 50 Rappen in den Zoo

Wer damals den Zoo Basel besuchte, traf allerdings auf einen weitaus kleineren Garten als heute: Er umfasste nur einen Drittel der heutigen Fläche. Der Eingang befand sich auf Höhe des heutigen Affenhauses und das Areal endete dort, wo heute die Flamingos leben. Ein Eintritt für Erwachsene kostete 50 Rappen, während Kinder für 25 Rappen zugelassen waren. Ein Kind im Kinderwagen mit in den Zoo zu nehmen, war allerdings verboten: «Es ist untersagt (...) mit Kinderwagen im Garten herumzufahren», heisst es im Reglement von 1874. Dem Dokument sind weitere Punkte zu entnehmen, die aus heutiger Sicht zum Schmunzeln anregen. So gelte das Familienabonnement «für das Familienoberhaupt und dessen Gattin», ebenso für «die unverheiratheten Töchter» und für «Söhne bis zum 18. Lebensjahre»; «Diener und Dienstmädchen als Begleiter der Herrschaften oder deren Kinder» zählten ebenfalls zum Familienabonnement dazu.

So erfolgreich der Zoologische Garten Basel 1874 gestartet war, so schnell verlor er wieder an Zuspruch. Bereits im zweiten Jahr kamen deutlich weniger Besucherinnen und Besucher. Offenbar waren einheimische Tiere nicht Attraktion genug für wiederholte Besuche. Was das Publikum sehen wollte, waren exotische Tiere: Giraffen, Elefanten und Tiger – ein Wunsch, dem der Zoo wenige Jahre später nachkam. Mit dem ersten Elefanten holte er 1886 eine riesige Publikumsattraktion in den Zoo.

Der Zoologische Garten im Jahr 1897: Er lud mitten in der Stadt zum Flanieren zwischen Weihern und zahlreichen Vogelarten ein.

8
Tiere begreifen
Wo Kinder den Umgang mit Tieren lernen

Seit Jahrzehnten führt der Weg vieler Kinder am linken Rand des Zolli entlang schnurstracks in den Kinderzolli. Dort dürfen sie sich um die Tiere kümmern, sie spazieren führen und für sie Verantwortung übernehmen. Auch die Tierpflegerin Claudia Meyer kannte als Kind nur einen Weg durch den Zoo. Heute arbeitet sie selbst im Kinderzolli.

«Jeden Morgen um fünf nach acht und jeden Nachmittag um halb zwei erwartet mich eine kleine Überraschung: Wie viele Kinder werden heute da sein, um im Kinderzolli mitzuhelfen? Manchmal besammeln sich nur gerade zwei Kinder vor den Stallungen und manchmal stehen über zwanzig Mädchen und Jungen bereit.

Anmelden müssen sie sich nicht – wer rechtzeitig da ist, kann mitmachen. Viele der Kinder kenne ich und weiss, was ich ihnen zutrauen kann. Manche können schon selbstständig die Lama-Anlage putzen oder die Seidenhühner versorgen. Andere begleiten ein erfahrenes Kind und bekommen die Arbeiten erklärt, oder sie helfen bei mir mit. Wir halten hier einheimische und exotische Haus- und Nutztiere, die sich den Umgang mit Menschen gewohnt sind. Natürlich ist es wichtig, dass sie richtig behandelt werden und dass weder Tier noch Mensch überfordert sind. Dies sicherzustellen, ist ein wichtiger Teil unserer Arbeit, ansonsten kann ein Tier auch mal ausschlagen oder beissen.

Ich lasse die Kinder ihre eigenen Erfahrungen machen. Sie sollen selbst ausprobieren, wie sie zum Beispiel einen Esel putzen, auch wenn dies zu Beginn vielleicht schwierig ist. Oder wie sie am besten den Besen zur Hand nehmen, damit der Stall schön sauber wird. Natürlich geben wir gewisse Anweisungen und Leitplanken, doch das Ausprobieren und Mitarbeiten im echten Stallalltag gehört seit der Gründung 1977 zu den Grundgedanken des Kinderzolli.

Ich selbst packe selbstverständlich auch mit an, und immer wieder kommen die Kinder bei mir vorbei und fassen ihre nächste Aufgabe. Es gehören verschiedene Arbeiten dazu, wie Ställe und Anlagen reinigen, Tiere füttern, putzen und spazieren führen. Manche Aufgaben sind beliebter als andere, doch es muss am Ende alles erledigt sein.

Als Kind war ich selbst fast jeden freien Nachmittag im Kinderzolli. Ich bin im Kleinbasel aufgewachsen und war mit meiner Mutter häufig im Zoo. ‹Du bist noch zu klein›, hörte ich jeweils von ihr, wenn ich neugierig auf die Kinder im Pony- oder Ziegengehege schielte. Kurz vor meinem achten Geburtstag erkundigten wir uns dann, wie alt man denn sein müsse, um hier mitzuhelfen. ‹Acht Jahre›, hiess es, und natürlich stand ich am ersten Tag nach meinem achten Geburtstag in Stallkleidern bereit.

Ich weiss noch genau: Es waren drei weitere Kinder da, und wir durften die Pony-Anlage putzen und anschliessend mit den Ponys spazieren gehen. Und da wusste ich: Ich will wiederkommen.

Seit 1977 haben Kinder im Kinderzolli die Möglichkeit, ohne Voranmeldung bei der Pflege der Tiere mitzuhelfen. Das Angebot ist bis heute weitherum einzigartig.

Ich freute mich, wenn ich mit ‹Bellezza›, meiner Lieblingsziege, alleine im Zolli spazieren durfte. Oder wenn ich anderen Kindern zeigen konnte, wie man bei den Lamas die Bölleli zusammenwischt. Hier sind auch viele Freundschaften entstanden. Ich bin bis heute mit Leuten befreundet, die ich im Kinderzolli getroffen habe. Auch meine Kollegin Noëmi Rauber, mit der ich heute zusammenarbeite, kenne ich aus unserer gemeinsamen Zeit im Kinderzolli. Und Max Huber hatte schon damals die Leitung inne.

Die Ziele des Kinderzolli sind seit der Gründung im Jahr 1977 dieselben geblieben. Wir wollen den Kindern nach wie vor das Verständnis für die Tiere und für die Natur als Ganzes mitgeben. Und zwar in einer realen Umgebung, wo sie mitarbeiten dürfen.

Ich glaube, meine Zeit im Kinderzolli hat mich dazu inspiriert, Tierpflegerin zu werden. Hier habe ich den Respekt vor den Tieren gelernt, das Beobachten, Abwarten, das freundliche Anfragen, ob ein Tier mit mir in Kontakt treten will. Hier habe ich Dinge fürs Leben gelernt – so zum Beispiel Verantwortung zu tragen oder Abläufe zu koordinieren. Ich habe auch gelernt, dass Tiere ihre Launen haben und dass auch sie unsere Launen wahrnehmen. Noch heute macht es mich zufrieden, mich um die Tiere zu kümmern. Und es ist schön zu sehen, wie Kinder in einem solchen Umfeld selbstständiger und sicherer werden. Ich glaube, der Zoo Basel hat mit dem Kinderzolli etwas ganz Wertvolles geschaffen.»

Tierpflegerin Claudia Meyer hat als Kind im Kinderzoo ihre Liebe zu Tieren entdeckt.

Im Kinderzoo erhalten Kinder bis heute fachmännische Anweisungen zum Umgang mit Tieren.

Es ist der einzige Ort im Zoo, wo das Berühren der Tiere erlaubt ist.

9 Rentier auf Abwegen

Von Ausreissern und ungebetenen Gästen

Damit ein Tag im Zoo reibungslos über die Bühne geht, laufen bei Amanda Spillmann alle Fäden zusammen. Sie ist eine der Diensthabenden im Zoo Basel und bei Problemen aller Art sofort zur Stelle.

Amanda Spillmann staunte nicht schlecht, als sie an einem Wintermorgen noch im Dunkeln durch den Zolli ging: Es raschelte im Gebüsch, und plötzlich stand ein Rentier vor ihr. Es war in der Nacht auf der Rentieranlage kurzerhand durch den Weiher gelaufen und hatte sich im Garten auf Erkundungstour gemacht. Als es Amanda Spillmann erblickte, trottete es ohne Aufforderung in sein Revier zurück. So früh hatte es im Garten wohl noch keinen Menschen erwartet. «Das erste Problem des Tages war damit schon gelöst», erzählt Amanda Spillmann lachend.

Alles unter Kontrolle

Probleme lösen gehört quasi zu ihrem Jobprofil, und als Diensthabende beginnt sie am Morgen sehr früh damit. Um 6.45 Uhr, noch vor den meisten Angestellten, fährt sie im Verwaltungsgebäude ihren Computer hoch. Ein Programm erkennt, ob alle Tierpflegerinnen und Tierpfleger einstempeln, um 7.15 Uhr müssen alle da sein. «Spätestens um 7.10 Uhr werde ich kribbelig, wenn noch jemand fehlt», sagt sie. In diesem Fall greift sie zum Telefonhörer und fragt nach, wo die fehlende Person bleibt, denn die Tiere haben Hunger, die Ställe müssen geputzt werden, der Betrieb muss laufen. Ist jemand krank, muss sie schnell Ersatz finden, der sich zum Glück meist aus der anwesenden Belegschaft rekrutieren lässt. Die Tierpflegerinnen und Tierpfleger im Zoo Basel sind alle in mehreren Tierdiensten einsetzbar, und viele von ihnen arbeiten als sogenannte Ablöser.

Rentierherden unternehmen in der Natur auf Futtersuche Wanderungen von bis zu tausend Kilometern. Rentiere sind gute Schwimmer und können sogar grosse Flüsse durchqueren.

Das heisst, dass sie in einem Tierdienst nicht die Hauptverantwortung tragen, sondern den Haupttierpfleger, die Haupttierpflegerin unterstützen. Diese Ablöser kann Amanda Spillmann kurzfristig umteilen und zum Beispiel eine Mitarbeiterin vom Vivarium ins Affenhaus schicken. Oder jemanden vom Afrika-Dienst zu den Bisons abziehen. «Ich muss manchmal ziemlich jonglieren, doch meistens klappt es», sagt sie. Es komme nur selten vor, dass sie jemanden an einem freien Tag in den Zoo zur Arbeit bitten müsse.

Entlaufene Tiere und verlorene Kinder

Sind alle Dienste besetzt, kann der Tag losgehen. Und das Diensttelefon von Amanda Spillmann klingelt, wann immer ein Problem auftaucht. Sei das eine Besucherin, die von einer Wespe gestochen wurde, oder eine Neonröhre, die in der Cafeteria den Dienst quittiert hat: Als Diensthabende organisiert sie die nötige Hilfe. Oft halten sie auch Kinder auf Trab, die im Garten verloren gegangen sind.

Manchmal muss sie auch selbst ausrücken. Zum Beispiel dann, wenn Besucherinnen oder Besucher Tiere füttern, was bei den Javaneraffen manchmal vorkommt. Dann brauche es freundliche, aber klare Worte, sagt Amanda Spillmann. Auch wenn Tiere ausbüxen, ist sie gefragt und muss die Fangaktion koordinieren. Dass ein gefährliches Tier entwichen wäre, hat sie selbst noch nicht erlebt. 1987 kam es einmal zu einem Zwischenfall, als vier Schimpansen aus dem Zolli entflohen. Obwohl solche Fälle zum Glück selten sind, muss der Zoo darauf vorbereitet sein. Deshalb ist täglich mindestens eine Person bei der Arbeit, die mit einer Waffe umgehen und schiessen kann, wenn Menschen in Gefahr geraten. «Unser Notfallschützen-Team geht regelmässig ins Schiesstraining», bestätigt Amanda Spillmann.

Geheimnisvolle Echsen und nächtlicher Einbrecher

Einmal bekam sie den Anruf, es befinde sich eine grüne Echse im Besuchergang des Vivariums. «Ich wusste ja nicht, wie gross diese war, und eilte hin.» Als sie dort ankam, war die Erleichterung gross: Eine kleine grüne Langschwanzechse sass in einer Ecke und ein Mädchen hatte ihr mit einem Zooplänli bereits den Weg abgeschnitten. «Ich musste das Tierchen nur noch greifen und ins Terrarium zurückbringen.» Amanda Spillmann kommt in solchen Situationen zugute, dass sie nebst ihrer Funktion als Diensthabende noch zu fünfzig Prozent als Tierpflegerin arbeitet. Berührungsängste mit Tieren kennt sie deshalb nicht.

Manchmal sind es aber auch Tiere, die gar nicht in den Zoo gehören, welche die Diensthabenden ins Schwitzen bringen. So geschehen im April 2013. Da stand eines Morgens im Rapport des Nachtwächters, er habe «den Biber zum Haupteingang hereingelassen». Dieser habe spätabends dort gewartet. «Den Biber?», schoss es dem damaligen Diensthabenden durch den Kopf, als er frühmorgens den Zettel las. «Der gehört doch gar nicht in den Zolli!» Erst dachten die Zolli-Verantwortlichen, es handle sich um ein Nutria. Doch als in den Tagen darauf eindeutige Bissspuren eines Bibers und angenagte Bäume im Zoo gesichtet wurden, begann die grosse Suche. Zootierärzte, Kuratorinnen und Tierpfleger stellten dem Tier nach und entdeckten es fünf Tage später. Mit einem Kescher konnten sie den Eindringling einfangen und in ein Gewässer der Region umsiedeln.

→ Vis-à-vis den Rentieren sind im Zoo die Rappenantilopen zu Hause. Sie trinken das Wasser des Rümelinkanals, der durch den Zolli fliesst. Auch in den Steppen Afrikas entfernen sich die Tiere nie mehr als einen Kilometer von der nächsten Wasserstelle.

Tierpflegerin Amanda Spillmann sorgt als Diensthabende für einen reibungslosen Ablauf und für Ordnung im Garten.

10
Als der «Stallschreck» tobte
Die Maul- und Klauenseuche im Jahr 1937

Zuerst erkrankten die Bisons, dann die Yaks, dann schlossen die Behörden den Zoo Basel auf unbestimmte Zeit. Die Angestellten mussten sich während Monaten im Garten isolieren, der Zolli verlor viele Tiere und einen Grossteil seiner Einkünfte. Nur die Hoffnung verlor die Belegschaft nie.

Unverrückbar und massiv, wie Felsen aus Fell, stehen die Bisons in ihrem Gehege und grasen friedlich vor sich hin. Nur ab und zu neigt sich einer der enormen Köpfe schräg zu einem herüber und zwischen den Fellzotteln funkelt ein dunkles Auge auf. Dann wendet sich das Tier wieder ruhig seinem Futter zu. Doch die Behäbigkeit täuscht – Präriebisons haben ein unberechenbares Temperament. Wenn sie losrennen, können sie bis zu fünfzig Stundenkilometer erreichen, und mit ihren Hörnern und ihrem Gewicht von bis zu einer Tonne können sie es mit fast jedem Tier aufnehmen. Deshalb haben die grössten Landsäugetiere Nordamerikas fast keine natürlichen Feinde. Abgesehen vom Menschen natürlich, der sie im 19. Jahrhundert beinahe ausrottete.

Doch am nasskalten Abend des 11. November 1937 wurden die Zolli-Bisons von einem Feind angegriffen, der keine Pranken, Zähne oder Gewehre hatte. Ein Feind, der so winzig klein war, dass ihre Hörner und Muskeln nichts gegen ihn ausrichten konnten. Welche typischen Symptome den Zootierarzt an jenem Donnerstagabend dazu bewogen, sich die Tiere genauer anzuschauen, ist nicht überliefert. Frassen sie schlecht? Hatten sie Fieber? Oder bildeten sich schon die charakteristischen Blasen an Maul, Zunge oder Klauen? Seine Diagnose jedenfalls war eindeutig: Maul- und Klauenseuche. Und nicht nur die Bisons, auch die benachbarten Yaks waren bereits mit dem Virus infiziert.

Präriebisons halten dank ihrem zottigen Winterfell Temperaturen bis zu –30 °C aus. Sobald es wärmer wird, fallen die Haare in Büscheln aus und machen einem Kurzhaarfell Platz.

Rasend schnelle Verbreitung

Neben Rindern, Schweinen oder Schafen befällt die Seuche auch Wildtiere wie Rehe oder Wildschweine, und sogar Elefanten können sich anstecken. Das Virus verbreitet sich rasend schnell, schon herumstreunende Katzen oder kontaminierte Werkzeuge reichen dafür aus, und auch über die Luft kann es weite Strecken zurücklegen. Für den Zoo war der Ausbruch eine Katastrophe, alle rund 250 Wiederkäuer waren potenzielle Opfer.

Bereits am Nachmittag des 12. November fand deshalb im Sanitätsdepartement eine Krisensitzung statt. Neben Zoodirektor Adolf Wendnagel und dem zuständigen Basler Regierungsrat war auch der Direktor des eidgenössischen Veterinäramts anwesend. Das zeigt, wie gravierend das Problem war. Rund 20 000 Menschen besuchten damals jährlich den Zoo Basel, sie hätten das Virus in die ganze Schweiz verschleppen können. Dieses Szenario hätte die Landesversorgung gefährdet, denn die Landwirtschaft machte damals noch über einen Fünftel der Schweizer Wirtschaftsleistung aus. Der Ausbruch im Zoo Basel dürfte bei den Entscheidungsträgern düstere Erinnerungen geweckt haben: So musste man bei einem Ausbruch der Maul- und Klauenseuche im Jahr 1913 landesweit 46 000 Nutztiere notschlachten.

Die eidgenössischen Vertreter forderten deshalb zunächst dasselbe wie bei einem Ausbruch auf einem Bauernbetrieb: den Abschuss aller gefährdeten Tiere, also der 250 Wiederkäuer des Zoos. Was schon auf einem Bauernhof einer Katastrophe gleichkam, hätte den Zoo mit seinen Giraffen, Antilopen, Kamelen, Hirschen und Lamas vermutlich in den Ruin getrieben. Wohl aus diesem Grund einigte man sich schliesslich darauf, bloss die sechs Bisons und zehn Yaks zu töten, die mit dem Virus in Kontakt gekommen waren. Als weitere Massnahme musste der Zolli auf unbestimmte Zeit schliessen.

Alltag in der Quarantäne

Und so kam es, dass die Tore ab Samstag, dem 13. November 1937 geschlossen blieben – zum ersten Mal in der damals 63-jährigen Geschichte des Gartens. Um eine Ausbreitung des Virus zu verhindern, wurden alle 26 Angestellten samt Direktor und Kassier innerhalb der Zolli-Mauern in Quarantäne gesteckt. Der Seuchenausbruch erzeugte ein riesiges mediales Echo, hunderte Zeitungen berichteten über die Schliessung des Basler Zoos. Darunter waren Lokalblätter aus der ganzen Schweiz, aber auch die ‹Frankfurter Zeitung›, das ‹Wiener Abendblatt› und sogar die Londoner ‹Times› nahmen die Story auf.

Um die Ausbreitung der Maul- und Klauenseuche zu verhindern, mussten sämtliche Gehege, Kessel und Werkzeuge mit Natronlauge desinfiziert werden.

Zahlreiche Pakete aus der Basler Bevölkerung fanden ihren Weg zur Zolli-Belegschaft, die sich über mehrere Monate im Garten isolieren musste.

In den ‹Basler Nachrichten› vom 15. November heisst es: «Unzählig waren die Telephonate, welche die Direktion des Zoologischen Gartens und auch unsere Redaktion zu beantworten hatten.»

Während sich die Welt draussen um den Zoo sorgte, hielten die Angestellten drinnen den Betrieb aufrecht. Sie kümmerten sich um gesunde und kranke Tiere, desinfizierten mit Natronlauge Gerätschaften und Gehege und hielten strenge Hygienevorschriften ein. Kurzerhand stellte die Basler Bevölkerung eine Spendenaktion auf die Beine. Sie sollte den Ausfall der Eintrittsgelder decken und den Wert der getöteten Tiere kompensieren. Zudem wurden bereits ab dem ersten Tag Geschenke an die isolierte Belegschaft abgegeben, um ihnen die Zwangsquarantäne zu erleichtern. Bücher, Spiele, «ja sogar Kuchen und Zigarren» seien eingetroffen, erzählte ein Tierpfleger in den Basler Nachrichten vom 22. November 1937, und bilanzierte: «Das reinste Weihnachtsfest».

Fotos aus jener Zeit zeigen das kleine Grüppchen Angestellter in einem provisorisch eingerichteten Aufenthaltsraum im Vogelhaus. 106 Tage hielt dieser Ausnahmezustand an, dann war der Ausbruch überstanden. Am 27. Februar 1938, einem Sonntag, durften die Angestellten ihre Quarantäne beenden und der Zolli seine Tore wieder öffnen. Der angerichtete Schaden war gross: Neben den zehn Yaks und sechs Bisons waren ein Alpensteinbock, eine Rappenantilope, zwei Mufflons, fünf Tahr-Ziegen, eine Walliserziege sowie ein Wisent der Seuche zum Opfer gefallen. Rund 95 000 Franken betrug der Verlust. Einen Drittel übernahmen der Bund und der Kanton Basel-Stadt, ein weiteres Drittel deckte die von der Bevölkerung organisierte Spendenaktion.

Gefahr gebannt?

Die Maul- und Klauenseuche ist bis heute eine Bedrohung für Landwirtschaftsbetriebe und Zoos, Ausbrüche sind nach wie vor meldepflichtig. In der Schweiz gab es aber seit Jahrzehnten keinen Alarm mehr. Heute geht von Seuchen wie der Afrikanischen Schweinepest oder der Vogelgrippe eine grössere Gefahr aus. Wegen Letzterer mussten im Frühjahr 2023 diverse Vögel im Zoo Basel in Quarantäne gehalten werden. Doch anders als 1937 hat die Medizin heute andere Möglichkeiten: So impften der Zoo Basel und der Tierpark Bern ihre Vögel 2023 erstmals gegen Vogelgrippe. Die Aktion war eine schweizweite Premiere und erfolgte im Rahmen eines Forschungsprojekts.

Wie das Coronavirus gezeigt hat, ist man aber bis heute vor einem mikroskopisch kleinen Feind nicht gänzlich gefeit. 2020 und 2021 musste der Zolli seine Tore für insgesamt 153 Tage schliessen – das erste Mal seit 1937.

Zoolog.
Garten
Basel

11 Schluck – und weg

Was Zootiere gerne fressen

Die Futterbeschaffung des Zoo Basel gleicht der Logistik einer Grosskantine. Riesige Mengen Früchte und Gemüse, Fleisch, Fisch, Heu und Gras finden hier Abnehmer. Auch Austern und Berliner stehen gelegentlich auf dem Speiseplan von Zootieren.

Als Belohnung eine Sprotte: Die etwa fünfzehn Zentimeter langen Fischlein bekommen die Seelöwen von der Pflegerin zugesteckt, wenn sie im Training gut mitmachen. Umringt von Publikum zeigen sie im Zolli jeden Nachmittag ihr Können. Was dort an Fischen in ihren Kehlen verschwindet, sind aber lediglich kleine Snacks. Für den grossen Hunger gibt es nach der Vorführung hinter den Kulissen Heringe. Diese haben einen hohen Fettgehalt, sind grösser und halten die Tiere länger satt. Die Auswahl und die Menge der Fische ist im Zolli exakt auf den Bedarf der Seelöwen abgestimmt. Auch die anderen Zootiere haben ihre kulinarischen Bedürfnisse und Vorlieben, wie ein Blick in die Futterküche zeigt.

Stinkbomben fürs Affenhaus

Drei- bis viermal pro Jahr stinkt es im Affenhaus zum Himmel! Dann hat Futtermeister Stefan Wermelinger Stinkfrüchte aus Thailand bestellt. «Als wäre der Kompost eine Woche lang nicht geleert worden», beschreibt er den Geruch der Jackfruits. Gut, werden sie luftdicht in Plastik verpackt geliefert. Für die Schimpansen und Orang-Utans sind sie eine Delikatesse.

Güggeli-Tag auch im Zolli

Wer kennt sie nicht, die würzig riechenden Grill-Güggeli vom Stand am Strassenrand. Wenn der Zolli für die Geparden und Schneeleoparden zu wenig ausgediente Legehennen erhält, hilft der Güggeli-Grill aus. Er liefert dem Zolli zweitklassige Poulets, die für den Verkauf aussortiert wurden. Für die Geparden und Schneeleoparden selbstverständlich roh – und ohne Marinade.

Je kälter es ist, desto mehr frisst ein Kalifornischer Seelöwe, um sich eine Fettschicht zuzulegen. Im Winter sind es fünfzig bis siebzig Heringe pro Tag.

Berliner für Elefanten

In einem Berliner voller Konfi schlucken die Zolli-Elefanten jede noch so bittere Pille. Ab und zu greift man im Elefantenhaus auf diesen sicheren Trick zurück. Sind also die Berliner im Supermarkt ausverkauft, ist es durchaus möglich, dass die Dickhäuter gerade in Behandlung sind.

Gras in Hülle und Fülle

Von Frühling bis Herbst bekommt der Zolli während der Woche täglich einen grossen Anhänger voll Gras aus dem Leimental geliefert, rund eine Tonne. Ein Bauer schneidet das Grünfutter frühmorgens und fährt mit Traktor und Anhänger zum Lieferanteneingang unter dem Dorenbachviadukt.

Fallwild für Geparden

Wildhüter aus der Region bringen tote Rehe, die Opfer des Verkehrs wurden, als Futter in den Zolli. Rund zwanzig Tiere sind es pro Saison. Zootierärztin Fabia Wyss kontrolliert das Fleisch der teilweise ausgenommenen Tiere und gibt es zum Verzehr frei. Die Rehe sind besonders für die Geparden geeignet, da sie ähnlich klein sind wie ihre natürlichen Beutetiere, die Antilopen.

Muscheln auf dem Serviertablett

Muscheln, Algen, Garnelen, Wasserflöhe, Würmer, Austern, Mückenlarven – oder was das Herz eines Unterwassertiers begehrt: Im Vivarium gehen die Tierpflegerinnen und Tierpfleger täglich mit einem Serviertablett umher und verteilen die Leckerbissen aus kleinen Bechern an ihre Pfleglinge. Die Ware lagert in grossen Mengen getrocknet oder gefroren im Futterraum des Vivariums.

Halbe Rinder und Pferde

Immer mittwochs liefert eine Metzgerei aus dem Jura Rinder- und Pferdehälften in den Zolli. Rund 400 bis 500 Kilo Fleisch sind es jede Woche. Die Tierhälften hängen im Metzgerei-Lastwagen an einer Schiene und werden so vom Lastwagen direkt in die Zoometzgerei befördert. Dort portioniert der Zoometzger die Hälften weiter, sehr zur Freude der Löwen und Wildhunde.

Futter fürs Futter

Eine halbe Million Heuschrecken und 750 000 Grillen züchtet der Zolli pro Jahr als Futtertiere für Reptilien, Vögel, Kleinaffen und insektenfressende Kleintiere. Und weil auch die Futtertiere Futter brauchen, erntet und häckselt der Zolli jeden Sommer zwei Tonnen Mais. Über den Winter putzen allein die Heuschrecken diese Menge weg.

Der reinste Fruchtsalat

In Sachen Früchte gibt es im Zolli nichts, was es nicht gibt: Papaya, Bananen, Melonen, Erdbeeren, Äpfel, Kaktusfrüchte, Khaki, Birnen, Mango, Himbeeren, Heidelbeeren – zwei vollbepackte Europaletten kommen jede Woche von einem Frucht- und Gemüsehändler. Die Lieferung könnte auch an ein Restaurant gehen, die Qualität ist dieselbe.

Jedes Tier nach seinem Geschmack: Während Erdmännchen gerne Insekten nachjagen, ist für Schimpansen die weisse Haut der Orangen eine Delikatesse.

Fondue-Würfel für Elefanten

Jede Woche holt der Zolli in der Jowa-Bäckerei in Münchenstein rund 120 Kilo altes Brot ab. Ein Zoo-Mitarbeiter schneidet es von Hand in mundgerechte Stücke und legt es zum Trocknen aus. Die Elefanten erhalten die ‹Fondue-Würfel› beim Training zur Belohnung. Brot von Privaten nimmt der Zolli nicht an, um keine Krankheiten oder Tierseuchen einzuschleppen.

Hungrige Leichtgewichte

Sage und schreibe zehn Tonnen Futterpellets verspeisen die 130 Flamingos im Zoo Basel pro Jahr – bei rund vier Kilo Körpergewicht ein beachtlicher Appetit! Die Pellets hat der Zolli in Zusammenarbeit mit einer Futtermühle aus Kaiseraugst entwickelt. Sie werden unter grossem Druck und hohen Temperaturen hergestellt. Zum Schluss der Produktion poppen sie auf, sodass sie schwimmfähig sind. So können die Flamingos das Futter wie in der Natur mit ihrem Schnabel aus dem Wasser herausfiltrieren. Das Flamingofutter exportiert die erwähnte Futtermühle mittlerweile in Zoos in ganz Europa.

Rosa gefärbt dank Carotinoid

Das rosa Federkleid der Zolli-Flamingos ist dem Carotinoid Canthaxantin in ihrem Futter zu verdanken. In der Natur nehmen sie diesen Stoff über die roten Salinenkrebse in den Salzseen auf. In Zoohaltung fehlte er lange Zeit, weshalb die Basler Flamingos bis in die 1950er-Jahre ziemlich ausgebleicht waren. Dann fanden der einstige Zolli-Vizedirektor Hans Wackernagel und die Firma Hoffmann-La Roche heraus, dass Flamingos Carotinoide brauchen. Man begann sie dem Futter beizumischen und siehe da: Die Federn der Flamingos färbten sich rosarot – und die Tiere pflanzten sich besser fort.

Tonnenweise Fisch

Zwölf Tonnen Süsswasser-Fisch verfüttert der Zolli pro Jahr an seine Pelikane. Er setzt dabei vor allem auf Rotaugen aus dem Boden- und Zürichsee, die beim Fang von Egli und Aeschen mit ins Netz gelangen. Dieser Beifang ist für den menschlichen Verzehr nicht geeignet, Tiere hingegen können die Ware problemlos fressen. Noch grösser ist der Fischhunger der Pinguine und Seelöwen im Zolli: Sie fressen rund zwanzig Tonnen Salzwasser-Fisch!

Und jede Menge Mist

Gut achtzig Kubikmeter Mist verlassen jede Woche den Zolli. Dieser wird in einem grossen Mistwagen gesammelt und von einem Bauern aus dem Leimental abgeholt. Dreimal wöchentlich platziert er den Mist zum Verrotten unter Blachen entlang der Feldwege. Gut möglich also, dass einem beim Spazieren im Leimental eine Prise Elefantendung um die Nase weht.

12 Voll beschäftigt

Abwechslung im Zoo-Alltag

Weil Tiere in Zoohaltung das Futter serviert bekommen und vor Feinden geschützt sind, fällt ein Grossteil ihrer täglichen Aufgaben weg. Umso mehr muss ein Zoo im Alltag der Tiere Reize setzen. Wie der Zolli seine Tiere beschäftigt, zeigt das Beispiel der Keas, der wohl umtriebigsten Vögel der Welt.

Wer schon einmal im Süden von Neuseeland unterwegs war, der weiss: Vor dem Spieltrieb der Keas ist nichts und niemand sicher. Die Bergpapageien nehmen alles in den Schnabel, was in ihrer Reichweite liegt, seien es Reissverschlüsse von Wanderrucksäcken oder Gummieinsätze von Autoscheibenwischern: Keas zerrupfen einfach alles und werden nie müde, sich neue Spielmöglichkeiten auszudenken. Das kann auch ihr Pfleger Markus Bracher bestätigen: «Es gibt nichts, wofür sich Keas nicht interessieren.»

Wenn er am Morgen ihre Anlage in der alten Eulenburg betritt, muss er sich gut überlegen, was er mit hineinnimmt. Schnell hat seine Jacke ein Loch oder sein Stiefel einen Schnitt. Und wenn er den kleinen Teich mit Wasser füllt, dauert es nicht lange, und die Vögel ziehen den Stöpsel heraus und lassen das Wasser ab. «Aus lauter Spass an der Freude stopfen sie dann auch noch Gras in den Abfluss», sagt Markus Bracher. Damit die Keas ihre natürliche Neugierde stillen können, muss er sich stets neue Beschäftigungen einfallen lassen. Zahlreiche Möglichkeiten hat er mit dem Futter: Er verpackt zum Beispiel Leckereien in Kartonschachteln und umwickelt sie mit Schnur. «Ich muss es jedes Mal ein wenig anders machen, sonst wissen sie bereits, wie das Problem zu lösen ist.» Baumnüsse versteckt er in einem freihängenden Plastikrohr, das mit einer Klappe verschlossen ist. Manch anderes Tier wäre damit überfordert, die Klappe aufzuschieben, doch die Keas laufen da erst zur Hochform auf. Sie sind derart intelligent, dass sie sogar im Team arbeiten, um ein Ziel zu erreichen.

Jedes Tier nach seinen Fähigkeiten

Tiere in Zoohaltung müssen so beschäftigt werden, dass sie ihr natürliches Verhaltensrepertoire ausleben können. Ansonsten entwickeln sie Stereotypien: Sie laufen etwa monoton hin und her, treten von einem Bein aufs andere oder, im Fall von Vögeln, rupfen sich die Federn aus. Eine tiergerechte Beschäftigung bedeutet aber für jede Art etwas anderes. Keas zum Beispiel müssen ihrer Intelligenz entsprechend vor knifflige Aufgaben gestellt werden. Bei Giraffen ist es dagegen wichtig, dass sie ihre lange Zunge einsetzen dürfen, mit der sie in der Natur geschickt Blätter von den Ästen streifen. Im Zolli bekommen sie deshalb Plastikkugeln mit Löchern aufgehängt, aus denen sie die Blätter mit der Zunge herausziehen. Zwergottern wirft man Muscheln in den Teich, nach denen sie tauchen, und Orang-Utans erhalten Seile und Baumstämme zum Klettern. Oft erfolgt die Beschäftigung übers Futter, und um Abwechslung in den Alltag der Tiere zu bringen, verzichtet der Zoo Basel auf feste Fütterungszeiten. Die wohl beste Beschäftigung für ein Zootier ist aber das Leben im Sozialverband und die Möglichkeit, Nachwuchs zu bekommen und zu betreuen.

Auch der Mensch dient der Unterhaltung

Manche Tiere fühlen sich durch das Zoopublikum unterhalten. Dies lässt sich auch bei den Keas beobachten. Die fehlenden Menschen während Corona hätten ihnen ganz schön zugesetzt, erinnert sich ihr Pfleger. «Sie nehmen das Publikum sofort wahr.» Manchmal beziehen sie sogar Markus Bracher in ihr Spiel mit ein. Wenn sie eine Baumnuss nicht knacken können, werfen sie ihm diese zu – im Wissen, dass sie aufgebrochen zurückkommt. In anderen Zoos, wo die Gitter grobmaschiger sind, hat man die Papageien dabei beobachtet, wie sie Nüsse ans Publikum hinausreichten. «Es sind wirklich Lausbuben», sagt Bracher. Er freut sich immer über ihre Verspieltheit, doch einmal war selbst ihm nicht mehr zum Lachen zumute. «Ich habe eine wunderschöne, anderthalb Meter hohe Wildrose eingepflanzt. Als ich fertig war, hat die Kea-Dame die Rose kurzerhand an der Wurzel abgeknipst und mich dabei triumphierend angeschaut.» Da fragt sich nur, wer hier wen beschäftigt.

Wenn Keas in der Kokosnuss auch nur den kleinsten Spalt finden, schaffen sie es, die Nuss mit ihrem spitzen Schnabel innerhalb einer halben Stunde zu knacken.

13
Weltsensation!
Zuchterfolge des Zoo Basel

Dem Zoo Basel gelang 1956 als erstem Zoo weltweit die Zucht eines Panzernashorns. In einer Zeit, in der es in Zoos nur selten Nachwuchs gab, blickte alle Welt nach Basel. Das «Nashornbuschi» sollte aber erst der Anfang sein.

Der Unterschied ist faszinierend und allerliebst zugleich: Hier die weichen, zarten Hautfalten des jungen Panzernashorns, dort der zähe, ledrige Panzer seiner Mutter. Hier der sanfte Knubbel auf der Nase des Jungtiers, dort das ausgebildete Horn des erwachsenen Tiers. Was für das heutige Publikum interessant, aber nicht mehr aussergewöhnlich ist, galt 1956 als Sensation: die erste Geburt eines Panzernashorns in einem Zoo.

Schlagzeilen rund um den Globus

«Sensationeller Zuchterfolg im Basler Zolli», titelte die ‹National-Zeitung›, und auch die internationale Presse verbreitete die frohe Botschaft. Aus aller Welt flatterten Gratulations-Telegramme auf den Tisch des Zoodirektors, während eine Baslerin mit einem handgemalten Geburtskärtchen zum «Nashornbuschi» gratulierte. Eine Bürogemeinschaft aus Bern überschlug sich fast vor Freude und schrieb in einem Brief: «Das tolle Ereignis im Baslerzoo hat uns in eine grosse Aufregung versetzt, kaum brachten wir heute Nachmittag einen fehlerfreien Brief in unserer Kanzlei zustande. Wir malen uns diesen ‹Erstgeborenen› auf alle Art und Weise aus und stellen uns tausend Fragen über den Nashornsäugling ohne Horn! Am liebsten hätten wir ihn gleich hier zu Besuch, und wäre es auch nur für ein Momentchen!»

Dabei stand die Geburt von Panzernashorn ‹Rudra› für den Zoo Basel erst am Anfang einer Reihe aufsehenerregender Erstzuchten. Nur zwei Jahre später, 1958, gelang ihm als erstem Zoo in Europa die Aufzucht eines Chilenischen Flamingos. Im selben Jahr kam der erste männliche Orang-Utan in einem Schweizer Zoo zur Welt, und 1959 folgte die Sensation schlechthin: das Gorillajunge ‹Goma›. Sie war die erste Gorillageburt in einem europäischen Zoo und machte durch ihr Aufwachsen in der Familie von Zoodirektor Ernst Lang ein weiteres Mal weltweit Schlagzeilen. 1959 schlüpfte ausserdem erstmals ein Rosaflamingo in Zoohaltung, 1960 folgte im Zolli die erste Geburt eines Okapis, um nur einige der Zuchterfolge des Zolli zu nennen.

Bekamen erstmals ein junges Nashorn zu sehen: Zoobesucherinnen und -besucher 1956 vor der Anlage von Mutter ‹Joymothi› und dem jungen ‹Rudra›. Die fast im Jahrestakt folgenden Geburten machten die Basler Nashornzucht weltbekannt.

Neuer wissenschaftlicher Zugang

Dass in Basel die Nachzucht von Zootieren je länger je erfolgreicher wurde, lag vor allem an der wissenschaftlichen Herangehensweise, die in den Nachkriegsjahren eingesetzt hatte. Wie die Historikerin Louanne Burkhardt in ihrem Buch ‹Der Zoologische Garten Basel 1944–1966› aufzeigt, fanden neue biologische Erkenntnisse zu Lebensweise, Fortpflanzung und Gruppenzusammensetzung der Tiere zunehmend Beachtung. Man kam im Zolli zur Überzeugung, dass gewisse Zootiere in sozialen Gruppen und nicht allein leben sollten. Wegweisend für die neuartige Tierhaltung auf wissenschaftlicher Grundlage war das Standardwerk ‹Wildtiere in Gefangenschaft› des Zoologen Heini Hediger. Er war 1944 vierter Direktor des Zoo Basel geworden und gilt als Begründer der modernen Tiergartenbiologie. Viele Anlagen wurden nach Hedigers Ideen so umgestaltet, dass die Tiere erstmals mit einem Zuchtpartner zusammenleben und möglicherweise Nachwuchs zeugen konnten. Auch grosse Fortschritte in der Tierernährung und der Tiermedizin begünstigten die Zuchterfolge.

Der Tier- und Artenschutz setzt Schranken

In den Nachkriegsjahren waren zudem strengere Artenschutzbestimmungen in Kraft getreten, die den Tierimport aus Übersee erschwerten. Die bisher gängige Praxis, verstorbene Zootiere durch neue aus der Natur zu ersetzen, funktionierte nicht mehr ohne Weiteres. Zoologische Gärten in ganz Europa begannen sich untereinander zu vernetzen und Zootiere auszutauschen. In den 1960er-Jahren entstanden erste Zuchtprogramme, welche die Nachzucht von Zootieren erfassten und koordinierten. Gleichzeitig setzte sich die Überzeugung durch, dass Zoos Tiere züchten und damit zum Erhalt bedrohter Arten beitragen sollten. Der Schutzgedanke gab den Zoologischen Gärten ein neues Selbstverständnis und eine neue Existenzberechtigung.

Auf Gesetzesebene stellte das Washingtoner Artenschutzübereinkommen von 1973 einen Meilenstein dar. Unter dem Namen CITES (Convention on International Trade in Endangered Species of Wild Fauna and Flora) regelt es den Handel mit gefährdeten Arten freilebender Tiere und Pflanzen auf internationaler Ebene und hat bis heute Bestand. Für den Wildtierhandel braucht es seither die nötigen CITES-Dokumente, welche die Rechtmässigkeit eines Imports oder Exports bestätigen.

Heute plant man global

Die Nachzucht von Zootieren ist heute gängige Praxis und gehört zu den Aufgaben eines wissenschaftlich geführten Zoos. Der Zoo Basel ist an über vierzig Erhaltungszuchtprogrammen beteiligt und führt die Zuchtbücher der Panzernashörner, Zwergflusspferde, Somali-Wildesel, Kleinen Kudus, Totenkopfäffchen, Türkisnaschvögel und Spaltenschildkröten. Heute haben Zoos und Naturschutzorganisationen das gemeinsame Ziel, bedrohte Tierarten zu schützen. Angesichts des fortschreitenden Artensterbens teilt der ‹One Plan Approach to Conservation› der IUCN (International Union for Conservation of Nature) die Tierwelt nicht mehr in eine Zootier- und eine Wildtierpopulation auf, sondern betrachtet sie als eine einzige. Dies macht es denkbar, im Hinblick auf Gesundheit und genetische Vielfalt Tiere zwischen Zoos und Nationalparks auszutauschen.

Für den Erhalt der Panzernashörner kommt dem Zoo Basel eine besondere Verantwortung zu. Er führt ihr Zuchtbuch, koordiniert das europäische Erhaltungszuchtprogramm und gilt bis heute als führend in der Zucht dieser Tiere. Die Zahlen sprechen für sich: Seit 1956 sind im Zoo Basel 37 Panzernashörner zur Welt gekommen. Es ist also auch künftig damit zu rechnen, dass «Nashornbuschi» das Basler Publikum verzücken.

Tierpfleger bestaunen in der 1960er-Jahren ein junges Nashorn: Es ist ein Abbild seiner Eltern, und schon bei der Geburt sind sämtliche Hautfalten komplett ausgebildet.

Gorillakind ‹Goma› war 1959 der erste in einem europäischen Zoo geborene Gorilla und der wohl meistbeachtete Zuchterfolg des Zoo Basel. Medien aus aller Welt berichteten, wie ‹Goma› in der Familie von Zoodirektor Ernst Lang von Hand aufgezogen wurde.

Darf man Zootiere an der Fortpflanzung hindern?

«Seit wir im Zolli Tiere in Zuchtgruppen halten, stellt sich die Frage, ob sie sich uneingeschränkt fortpflanzen dürfen. Lässt man der Natur freien Lauf? Trennt man die Geschlechter? Oder verabreicht man den Tieren sogar Verhütungsmittel? Im Zoo Basel sind wir der Meinung, dass die Fortpflanzung ein wichtiger Teil des natürlichen Verhaltensrepertoires eines Tieres ist, vielleicht sogar der wichtigste. Die Fortpflanzung ist zentral für das Fortbestehen einer Population und ist darüber hinaus die beste Beschäftigung, die man sich für ein Tier vorstellen kann: Balzverhalten, Partnersuche, Paarung, Trächtigkeit, Aufzucht, Mutter-Kind-Beziehung, Spiel, Animation der ganzen Gruppe – all das würde wegfallen, wenn keine Jungen geboren würden. Menschenaffen zum Beispiel tragen ihre Jungen bis zu fünf Jahre an Bauch oder Rücken mit sich herum und säugen sie auch so lange. Die Mütter und die ganze Gruppe haben eine Aufgabe, und die Jungtiere bringen Dynamik in den Alltag. Wir hätten kein gutes Gefühl, all das zu unterbinden. Das Fortpflanzungsgeschehen hat auch einen wichtigen Lerneffekt für unsere Besucherinnen und Besucher.

Leider ist es eine Tatsache, dass wir nicht für allen Nachwuchs einen guten Platz finden – was zur Folge hat, dass wir manchmal Tiere töten müssen. Dies kann in der Gesellschaft besonders bei charismatischen Tierarten wie Elefanten, Grosskatzen, Menschenaffen, Bären und Flusspferden zu Unverständnis und Ablehnung führen. Wir setzen bei solchen Tieren zeitweise Verhütungsmittel ein, so etwa die Pille beim Flusspferd oder bei einzelnen Menschenaffen. Damit lassen sich die Geburtenintervalle verlängern und die Tiere können trotzdem als Gruppe zusammenbleiben. Bei anderen Tiergruppen wie Huftieren ist die Akzeptanz der Gesellschaft grösser, wenn ein überzähliges Jungtier getötet und verfüttert werden muss. Diese Tiere können sich uneingeschränkt fortpflanzen, und wir reduzieren den Bestand erst später, zum Beispiel beim Entwöhnen der Jungtiere von der Mutter. Dies ist auch in der Natur ein gefährlicher und deshalb biologisch sinnvoller Moment, denn auch im Freileben erreichen nie alle Jungtiere das Erwachsenenalter.»

Christian Wenker, Tierarzt Zoo Basel

Schimpansenweibchen sind etwa acht Monate lang trächtig. Sie können ihr ganzes Leben lang Junge bekommen, eine Menopause wie bei den Menschen gibt es nicht.

14
Täglich frisch geliefert
Die Futterlogistik im Zoo Basel

Damit die Tiere im Zolli jeden Tag satt werden, hat der Zoo eine Art Lieferservice eingerichtet, der von Heuschrecken über Fleisch bis hin zu exotischen Früchten keine Wünsche offenlässt. Manche Affen bekommen sogar gedämpftes Gemüse vorgesetzt – keine Bevorzugung, sondern lebensrettende Massnahme.

Spätestens um neun Uhr morgens wird Carole Ruby zum zweiten Mal geweckt. Wenn die Pflegerin der Javaneraffen mit ihren Futtereimern in die Anlage steigt, steigt auch der Geräuschpegel abrupt an. Eine rund fünfzigköpfige, schreiende und quietschende Affenhorde wuselt um Ruby herum, rennt den Apfel-, Rüebli- und Selleriestückchen nach, die sie in alle Richtungen wirft – oder bedient sich an den Eimern gleich selbst. Bald ist statt Geschrei nur noch zufriedenes Schmatzen zu hören. «Das ist die gefrässige Stille», sagt Carole Ruby und lacht.

Genüssliches Schnabulieren ist in den Morgenstunden im Zolli vielerorts sicht- und hörbar, werden doch täglich über 9000 Tiere verpflegt. Die Futterlogistik dahinter gleicht einem komplexen Lieferdienst mit einer riesigen Auswahl an Menüs, denn die Futterwünsche der rund 550 Tierarten im Zolli beschränken sich nicht auf Sellerie oder Rüebli wie bei den Javaneraffen. Sie umfassen von der Heuschrecke bis zum Heuballen alles, was die Nahrungskette hergibt.

Schritt 1: Rezepte

Am Anfang steht – wie bei jedem Lieferdienst – die Rezeptauswahl. Darum kümmert sich im Zolli die Tierärztin Fabia Wyss. In Absprache mit den jeweiligen Tierdiensten stellt sie für jede Tierart einen Futterplan zusammen. «Wir orientieren uns an ihrer natürlichen Ernährung, die wir aber meist in Hinblick auf die Verhältnisse im Zoo übersetzen müssen.» So fressen Javaneraffen in ihrer südostasiatischen Heimat vorwiegend Wildfrüchte und Krebse. «Weil unsere kultivierten Früchte einen viel höheren Zuckergehalt haben, bekommen die Tiere hier vorwiegend Gemüse.» Eine umfangreiche Excel-Tabelle fasst alle Futterpläne zusammen: Zwiebeln, Knollensellerie oder Gurken für die Javaneraffen; Miesmuscheln, Shrimps und Mäuse für die Zwergotter; Saisongemüse, Früchte und Salat für die Wildschweine.

Schritt 2: Einkauf

Vom Büro der Tierärztin beim Haupteingang finden die Futterpläne ihren Weg ins Betriebsgebäude neben dem Haus Gamgoas, wo sich die Futterküche befindet. Hier kümmern sich Futtermeister Stefan Wermelinger und sein Team vom Zolli-Lieferdienst um Einkauf, Zubereitung und Auslieferung. Auf Basis der Futterpläne gibt Wermelinger zweimal pro Woche eine Bestellung auf. Was jährlich angeliefert und von den Tieren gefressen wird, ist eindrücklich: 500 Europaletten Früchte und Gemüse, 20 Tonnen Fleisch, 30 Tonnen Fisch, 50 Tonnen Futterwürfel und 265 Tonnen Heu und Stroh.

Nur in kleinen Mengen bestellen muss er Insekten, wie sie Vögel, Affen oder Rüsselspringer gern vertilgen. Der Zoo unterhält im Betriebsgebäude, im Etoscha und im Vogelhaus nämlich eine eigene Insektenzucht. Auch Mäuse für Vögel und Reptilien züchtet der Zolli selbst.

Während die Futterpellets, das meiste Heu und Stroh, die Futteräste, die Sommerfrüchte und die Süsswasserfische aus der Schweiz stammen, kommt ein grosser Teil des Gemüses aus Italien, Spanien oder Südfrankreich. Das hat einen Grund: Südlich der Alpen kommt der gefährliche Fuchsbandwurm nicht vor. Dagegen könnten seine Eier an einheimischem Gemüse kleben, das aus dem Boden stammt oder Bodenkontakt hatte. Eine Infektion kann besonders für Affen tödliche Folgen haben. Mit dem Einkauf von Gemüse aus dem Mittelmeerraum beugt der Zoo Basel dieser Gefahr vor.

Schritt 3: Anlieferung und Vorrat

Im Innenhof des Betriebsgebäudes laden die Spediteure die Ware ab und der Futtermeister verteilt die Lieferung auf die Vorratsräume. Das Obst und das Gemüse werden auf zwei grosse Kühlräume aufgeteilt: einer für Ware aus dem Süden, die frei von Fuchsbandwurmeiern ist, und einer für Ware wie Kartoffeln, Knollensellerie oder Zwiebeln aus einheimischem Anbau, die möglicherweise kontaminiert sind.

Für viele andere Futtermittel reicht der Platz im Betriebsgebäude nicht aus. Für die riesigen Mengen an Stroh und Heu gibt es über der Elefantenanlage ein eigenes Heulager. Und wenn, wie das ab und zu vorkommt, auf einmal bis zu hundert ausgediente, aber noch lebende Legehennen angeliefert werden, dann verbringen sie ihren Lebensabend im zooeigenen Hühnerstall im Sautergarten. Sie werden nach und nach geschlachtet und an die Zootiere verfüttert.

Damit sich Javaneraffen nicht mit dem Fuchsbandwurm infizieren, werden Rüebli und Sellerie gedämpft. Die noch warmen Gemüsestücke sind bei den Tieren besonders beliebt.

Schritt 4: Mise en place

Am Vortag stellt der Futtermeister für alle Tiere, die Obst und Gemüse fressen, das Futter für den nächsten Tag bereit. ‹Rüsten› heisst das im Fachjargon, doch zum Einsatz kommen nicht Sparschäler und Zackenmesser, sondern eine grosse Waage und die Rüstlisten der Tierärztin. Stefan Wermelinger stellt zum Beispiel eine kleine, mit ‹Baumstachler› beschriftete Kiste auf das Messgerät und füllt sie mit Zuckerhut und Catalogna, einer Chicoree-Variante. Eine grössere Kiste trägt die Aufschrift ‹Klammeraffen›, sie wird mit Gurken, Süsskartoffeln, Fenchel und Saisonfrüchten gefüllt.

Während Wermelinger im Kühlraum die verschiedenen Kisten vorbereitet, verarbeitet im Nebenraum Metzger Joachim Häfelfinger ein halbes Rind für die Löwen, Wildhunde, Geparden und Schneeleoparden. In der zooeigenen Metzgerei wird auch der gefrorene Fisch aufgetaut und für die verschiedenen Tierdienste bereitgestellt. Am Ende des Tages stehen beim Zolli-Lieferdienst zig vollbepackte Obst- und Gemüsekisten, Futterpellet-Säcke, Fleisch und Fisch für den nächsten Morgen bereit, und dreimal in der Woche kommen frühmorgens noch Behälter mit lebenden Insekten dazu.

Schritt 5: Auslieferung

Um sieben Uhr morgens belädt Thomas Ruby vom Futterdienst den orangefarbenen Futter-Lieferwagen samt Anhänger. In den folgenden zwei Stunden wird er alle Anlagen und Häuser mit der Tagesration beliefern. Dabei manövriert er geschickt über die verschlungenen Besucherwege des Zoos, die nicht für einen vollbeladenen Lieferwagen gebaut sind. Die Stopps bei den Anlagen sind kurz, volle Kisten werden deponiert und leere vom Vortag aufgeladen. In grössere Anlagen wie das Affenhaus fährt Ruby kurzerhand hinein.

Hier übergibt er der Orang-Utan-Pflegerin Gaby Rindlisbacher nebst den normalen auch ein paar speziell markierte Kisten. Sie enthalten Randen und Kohlrabi für die Menschenaffen sowie Sellerieknollen und Zwiebeln für die Javaneraffen. Da sie mit Fuchsbandwurmeiern kontaminiert sein könnten, bringt sie die Pflegerin zu einem grossen Gastrosteamer im Keller des Affenhauses. Darin sterilisiert sie das potenziell kontaminierte Gemüse. Nach knapp einer Stunde hat Thomas Ruby die erste Hälfte seiner Tour beendet und befüllt seinen Lieferwagen mit neuen Obst- und Gemüsekisten. Auch die Tierpfleger Philipp Spindler und Markus Bracher befüllen im Betriebsgebäude ihre Wagen.

An Schneeleoparden und andere Raubtiere werden gelegentlich ganze Tiere verfüttert, die zuvor getötet wurden. Das ist zugleich Beschäftigung und gesunde Ernährung, denn in Knochen, Fell und Sehnen stecken viele Mineralstoffe.

Beim Futterrüsten im Kühlraum ist genaues Arbeiten gefragt, denn die Futterpläne sind je nach Tierart aufs Gramm genau berechnet.

Bei Spindler sind das rund vierzig Kilo Rindfleisch für die Raubtierfütterung, bei Bracher Kessel mit Fisch für die diversen Weihervögel.

Auf seiner zweiten Runde macht Ruby nochmals im Affenhaus Halt und holt bei Gaby Rindlisbacher die nun dampfenden Sellerieknollen und Zwiebeln für die Javaneraffen ab. Er bringt sie – inzwischen ist es kurz vor 9 Uhr – zu Carole Ruby.

Schritt 6: Es ist angerichtet!

Carole Ruby spediert die vollen Kisten in die kleine Futterküche im Innern des Javaner-Felsens. Wie überall in den Anlagen und Tierhäusern beginnt auch sie damit, das Gemüse zu zerkleinern und das Obst zu schneiden. Dabei wird sie von mehreren Javaneraffen, die ihre Gesichter an die Abschrankung drücken, sehnsüchtig beobachtet. Ab und zu gibt es ein Amuse-bouche. «Die noch warmen Gemüsestücke haben sie besonders gern», sagt Ruby und wirft den Tieren ein paar erste dampfende Stücke zu. Dann nimmt sie die zwei Eimer in die Hand – und das Geschrei geht los.

ZOO
ZOO BASEL ZOO BASEL ZOO BASEL

15 Visitenkarte im Weltformat

Ein Streifzug durch 150 Jahre Zolli-Werbung

Mit seinen Plakaten bewies der Zoo Basel immer wieder ein feines Gespür. Ein Rückblick zeigt, mit welchen Attraktionen der Zoo sein Publikum in den Garten lockte. In den Anfangsjahrzehnten setzte er dabei nicht nur auf die Tiere.

Am Dorenbach-Viadukt begrüssen einen schon von Weitem die zwei Zolli-Giraffen mit ihren gekreuzten Hälsen. Seit der Eröffnung des Gartens im Jahr 1874 spielt Werbung eine wichtige Rolle im Zoo. Waren es zu Beginn vor allem Zeitungsinserate, kamen im Laufe der Jahrzehnte Plakate und Tramaushänge hinzu. Und in jüngerer Zeit trägt der Zoo Basel seine Nachrichten auch via Internet und Social Media in die Welt hinaus.

Plakate als Spiegel der Zeit

Kaum ein Werbeträger hat das Basler Stadtbild so geprägt wie die Zolli-Plakate. Sie zeigen die Attraktionen im Laufe der Jahrzehnte und sind zugleich ein Spiegel der technischen Möglichkeiten im Plakatdruck. Beispielsweise wirkten die frühesten Plakate nur über den Text, denn Bilder waren schlicht zu kostspielig. Dafür reizte man sämtliche typografischen Möglichkeiten aus: In einem Wirrwarr unterschiedlicher Schriften warb etwa ein Plakat aus den 1880er-Jahren für eine ‹Tier-Verloosung› und für ein ‹Concert der Basler Metallharmonie›. Bei der damaligen Zolli-Werbung standen kulturelle Anlässe im Vordergrund, die Tiere spielten noch kaum eine Rolle.

Um die Jahrhundertwende etablierte sich mit der Lithografie ein Druckverfahren, das die Produktion von Bildplakaten erschwinglich machte. Ihre Herstellung war jedoch aufwendig: Die Motive wurden von Hand gestaltet und mit Chemikalien in Steinplatten geätzt. Das erste Zolli-Plakat dieser Art stammte vom Basler Maler Emil Beurmann und warb 1891 für die Eröffnung des neuen Elefantenhauses. Jedes Kind, so versprach es das Plakat, könne in Basel einem Elefanten ganz nahe sein.

Die ‹Nähe zum Tier› wurde fortan zu einem Hauptmotiv der Zolli-Plakate. Gestaltet wurden sie ausschliesslich von etablierten Künstlern wie Rudolf Dürrwang oder Fritz Bühler, denn die Herstellung einer Lithografie verlangte grosses handwerkliches Können.

Das Fotoplakat hält Einzug

Ab Mitte des 20. Jahrhunderts ermöglichte der Offset-Druck die günstige Herstellung von Fotoplakaten. Fortan lieferten Fotografinnen und Fotografen eindrückliche Bilder, mit denen sich die Nähe zum Tier noch besser ausdrücken liess. So blickte der Panzernashornbulle ‹Gadadhar› auf einem Plakat von 1951 die Menschen frontal an, als würde er direkt vor ihnen stehen. Das Plakat zierte den im selben Jahr eröffneten Eingang Dorenbach gleich in dreifacher Ausführung. Das Offset-Verfahren ermöglichte zudem die günstige Produktion hoher Auflagen: Das Elefanten-Plakat der Fotografin Elsbeth Siegrist-Knöll von 1953 hing an vierhundert Orten in der Schweiz. Trotz der Beliebtheit der Fotoplakate erlebten die Künstlerplakate in den 1970er-Jahren ein kurzes Revival. Beispiele dafür sind das farbenfrohe Vivarium-Eröffnungsplakat aus dem Jahr 1972 von Celestino Piatti oder das verspielte Jubiläumsplakat von Donald Brun zwei Jahre später.

Bis in die frühen 1990er-Jahre waren es also Illustratoren, Fotografinnen und Künstler, welche die Zolli-Reklame gestalteten. Dann übernahmen zunehmend Werbeagenturen das Ruder, und aus einer Plakat- wurde eine Werbekampagne. Bestes Beispiel dafür ist die Serie ‹Ganz nah beim Tier›, auf denen Kinder die Mimik von Tieren imitieren. Die Kampagne der ‹cr Basel›-Werbeagentur war so beliebt, dass sie zwölf Jahre lang lief und mehrmals um neue Motive erweitert wurde.

Die zwei Giraffen

Ein Blick auf 150 Jahre Zolli-Werbung zeigt auch erstaunliche Konstanten, etwa das Zolli-Logo mit den Giraffen, das 1949 zum 75-Jahr-Jubiläum entworfen wurde. Als Inspiration dienten die zwei Giraffen, die zwei Jahre zuvor aus Afrika importiert worden waren. Auch dieses altbewährte Logo hat im Jahr 2022 eine grafische Auffrischung erfahren. Doch in seiner Ursprungsform ist es beim Eingang Dorenbach bis heute präsent.

Auf dem Plakat des Basler Grafikers Ernst Keiser wirbt der Zoo Basel Ende der 1940er-Jahre mit seinem spektakulären Tierbestand. Ab 1947 waren im Zoo nach längerer Zeit wieder Giraffen zu sehen.

TIERE WIE NOCH NIE !
ZOOLOGISCHER
GARTEN BASEL

ZOOLOGISCHER GARTEN BASEL

Im Uhrzeigersinn: Tier-Verloosung, anonym, 1898; Elefantenhaus, Emil Beurmann, 1894; Nashorn, Werner Voellmin, 1951; Zebrastreifen, Ruodi Barth, 1947; Eisbär, Wassermann AG Basel, 1930er-Jahre.

←
Seelöwe,
Urs Eggenschwyler,
1930er-Jahre.

→
Zolli ist ..., Idee,
Konzept und Umsetzung
2023, DD COM AG.

Im Uhrzeigersinn:
Vivarium, Celestino Piatti, 1972;
Tiger, Fritz Hellinger, 1964;
Ganz nah beim Tier,
Idee, Konzept und Umsetzung
2007–2012, cr Basel-Werbe-
agentur AG; Zootier-Alphabet,
Idee, Konzept und Umsetzung
2020–2022, jjsscc GmbH.

16 Gern gesehene Spendensammler

Botschafter für Naturschutz

Wer die Tiere im Zoo Basel besucht, unterstützt mit seinem Eintritt ein Naturschutzprojekt. Mit dem ‹Naturschutzfranken› hat der Zoo Basel ein freiwilliges Spendensystem entwickelt, das Nachahmer gefunden hat.

Unweit des Eingangs Dorenbach liegt das Schneeleoparden-Gehege. Um eine der Grosskatzen zu entdecken, braucht es ein gutes Auge. Denn im Zolli wie in der Natur ist der Schneeleopard mit seinem grau-braunen Fell perfekt in der Landschaft getarnt. Im asiatischen Hochgebirge lebt der Schneeleopard zurückgezogen und streift als Einzelgänger durch ein weites Gebiet. Trotz seiner Scheu ist er stark bedroht: Nur noch 3500 bis 7500 Tiere gibt es in der Natur. Nicht nur die Zählung dieser Grosskatze ist schwierig, sondern auch ihr Schutz, da nur wenig über die Lebensweise bekannt ist. Dieser komplexen Aufgabe hat sich die Organisation ‹Snow Leopard Trust› angenommen, deren Schutzprojekt der Zoo Basel seit 2018 unterstützt. Es ist eines von vielen Projekten, die der Zolli mit dem ‹Naturschutzfranken› fördert.

Seit 2016 kann von den Besucherinnen und Besuchern als Teil des Eintritts der Naturschutzfranken bezahlt werden. Die Idee zu dieser freiwilligen Spende stammt vom Zolli, sie erbringt jährlich rund 300 000 Franken. Dass die Summe bei über einer Million Eintritte nicht höher ist, liegt an den zahlreichen Abonnementen. Die vielen kleinen Spenden von je einem Franken fliessen ohne Abzüge in Naturschutzprojekte, welche Tiere betreffen, die auch im Zolli zu finden sind.

Viehschutzversicherung für Hirten

Der Zoo Basel fördert Schutzprojekte auf der ganzen Welt, zum Beispiel ein Projekt für Elefanten und Löwen in Kenia oder eine Korallenzucht auf Sansibar. Auch einheimische Projekte finden Unterstützung: So hilft er etwa mit, die am stärksten gefährdete Fischart der Schweiz, den Rhone-Streber, zu züchten, und stellt dem Projekt das Know-how seiner Fachleute zur Verfügung. Die vom Zolli geförderten Naturschutzprojekte sind über die ganze Welt verstreut, und ein Teil des Geldes gelangt auch zu den scheuen Schneeleoparden im zentralasiatischen Hochgebirge.

Dort finanziert der Zoo Basel Fotofallen im Gebirge von Kirgisistan, Pakistan, Indien, China und der Mongolei. Die Bilder zeigen, wo sich welche Tiere aufhalten, denn Schneeleoparden haben eine individuelle Zeichnung, und ein geübtes Auge kann sie voneinander unterscheiden. Dank der Fotofallen weiss das Team, welche Gebiete es dringend zu schützen gilt. Laut dem Biologen Kousthub Sharma, wissenschaftlicher Leiter des ‹Snow Leopard Trust›, sind die Raubkatzen durch mehrere Faktoren bedroht: «Zum einen geraten Schneeleoparden mit lokalen Hirten in Konflikt, wenn sie deren Nutzvieh reissen. Wir haben deshalb im Austausch mit der lokalen Bevölkerung eine Viehschutzversicherung eingeführt, die Hirten die getöteten Tiere ersetzt.» Oft seien eine Ziege oder ein Schaf überlebenswichtig für die Menschen. Ohne Ersatz sei die Gefahr gross, dass sie Schneeleoparden aus Rache töten und sich am Verkauf ihres Fells oder ihrer Knochen bereichern.

Vom Bergbau bedroht

Eine weitere Bedrohung ist laut Sharma der Bergbau, da er den Lebensraum der Schneeleoparden zerstört. «Es führen immer mehr Strassen und Güterbahnlinien durch die entlegenen Gebiete, um das abgebaute Material abzuführen.» In den Minen werden Rohstoffe wie Uran, Kupfer, Gold, Kohle, Fluorit oder Zinn gewonnen. Den Bergbau zu stoppen, sei unrealistisch und auch nicht zielführend. Vielmehr versucht die Organisation, mit den Unternehmen vor Ort Lösungen zu finden, die ein Nebeneinander möglich machen. Kousthub Sharma ist zuversichtlich: «Es ist uns zum Beispiel gelungen, den Zugang zu einer Mine in Kirgisistan so zu beeinflussen, dass die wichtigsten Gebiete der Schneeleoparden ausgespart wurden.» Wichtig für die Überzeugungsarbeit von Behörden und Unternehmen seien wissenschaftliche Daten: «Mit Annahmen überzeugen wir niemanden, nur wissenschaftliche Daten wirken.» Insofern sind die Fotofallen entscheidend für einen effektiven Schutz der Tiere und der Naturschutzfranken des Zoo Basel gut investiertes Geld.

Umso erfreulicher ist es, dass der Basler Naturschutzfranken Nachahmer gefunden hat. Zahlreiche Zoos in Deutschland und in der Schweiz haben die Idee aufgegriffen und spenden von jedem Eintritt einen Euro oder Franken an den Naturschutz. Die Tiere, welche die Gelder generieren, sind zum Glück gern gesehene Spendensammler.

Der gefährdete Schneeleopard ist an das Leben im zentralasiatischen Hochgebirge angepasst. Im tiefen Schnee wirken die breiten Pfoten wie Schneeschuhe.

17
Exotische Fracht
Tierhandel und Kolonialismus

Giraffen, Nashörner, Okapis: Heute ist der Zoo Basel weitherum bekannt für seine erfolgreiche Tierzucht. Noch bis in die 1960er-Jahre holte man einen Grossteil der Tiere aus der Natur. Manchmal wurde sogar der Zolli-Direktor selbst zum Tierfänger.

Wer über Giraffen spricht, muss häufig zum Superlativ greifen: Mit ihren über sechs Metern Höhe sind sie die grössten Landsäugetiere mit dem längsten Hals und der längsten Zunge. Angesichts dieser Superlative ist es nicht verwunderlich, dass die Giraffen 1910 bei der Eröffnung des Antilopenhauses den «Hauptanziehungspunkt» bilden sollten. So steht es im damaligen Jahresbericht. Zu diesem Zweck hatte der Zoo beim Basler Afrikareisenden, Abenteurer und Grosswildjäger Adam David «zu annehmbarem Preise» zwei Tiere bestellt. Doch die beiden Giraffen starben noch auf der Reise. Erst zwei Jahre später zogen die ersten Giraffenbullen im Antilopenhaus ein. Diesmal musste der Zoo für die Tiere nichts bezahlen, denn David, der einige Jahre später im Verwaltungsrat des Zoo Basel Einsitz nahm, schenkte sie dem Garten.

Ein wertvolles Tiergeschenk – in jener Zeit keine Seltenheit. In den ersten Jahrzehnten bekam der Zolli von wohlhabenden Baslern zahlreiche Tiere gestiftet. Damals dauerte ein Tiertransport von Afrika oder Asien nach Basel mehrere Wochen. Die wertvolle Fracht wurde per Schiff, Eisenbahn und manchmal Kutsche transportiert. Oft kümmerten sich auf der Reise nicht zoologische Fachleute, sondern Matrosen oder Bahnarbeiter um die Tiere. Viele von ihnen erreichten ihren Zielort deshalb nicht mehr lebend.

Direktor mit Safarihut

Dass Tiere beim Transport starben, kam bis Mitte des 20. Jahrhunderts häufig vor. Noch 1947, als der Zolli bei dem ausgewanderten Thurgauer Grosswildjäger August Künzler in Ostafrika eine grosse Bestellung aufgab, überlebten eine Giraffe, ein Gepard und ein Zebra die Strapazen des unsachgemässen Transports nicht. Dies war zunächst einmal ein finanzieller Verlust. Den damaligen Zolli-Direktor Heini Hediger dürfte aber auch der vermeidbare Tod der Tiere geschmerzt haben.

Er beschloss, die Tierbeschaffungen in eigene Hände zu nehmen und schickte noch im selben Jahr eine Expedition ins ostafrikanische Tanganjika (heute: Tansania), bestehend aus Zootierarzt Ernst Lang und Verwaltungsrat Dieter Sarasin, begleitet von ihren Ehefrauen Trude Lang und Cornelia Sarasin. Nach einer abenteuerlichen Reise, die fast drei Monate dauerte, kehrte die Gruppe mit zwei Giraffen, einem Leoparden, einem Geparden, über zweihundert Vögeln und diversen anderen Kleintieren nach Basel zurück. Hedigers Entscheid, den Transport von Tierarzt Lang begleiten zu lassen, hatte sich ausgezahlt.

Damit war der Grundstein gelegt für fast zwei Jahrzehnte zooeigener Tierfangexpeditionen. 1952 reisten wiederum Ernst und Trude Lang nach Tanganjika «zur Einbringung afrikanischer Elefanten». Dieses Mal waren die beiden sogar beim Fang der Tiere dabei. «Mit Lastwagen wurden die Herden in waghalsiger Fahrt auseinandergetrieben, bis Jungtiere zurückblieben, die dann mit dem Lasso eingefangen werden mussten», schilderte Ernst Lang im Jahresbericht die Fangaktion. Als die beiden im November 1952 nach Basel heimkehrten, hatten sie fünf junge Elefanten im Gepäck.

Abenteuerliche Reiseberichte

Es gibt viele weitere Beispiele solcher Expeditionen: 1949 fing der damalige Verwaltungsratspräsident Rudolf Geigy in Tanganjika ein Erdferkel, 1955 brachte der zum Zoodirektor aufgestiegene Ernst Lang aus Belgisch-Kongo (heute: Demokratische Republik Kongo) ein Okapi und einen Waldleoparden nach Basel, 1962 besorgte er in Südostasien einen Komodowaran und 1970 organisierte er auf einer Afrika-Safari den Kauf von fünf Somali-Wildeseln.

Die Basler Bevölkerung verfolgte die Expeditionen jeweils mit Spannung. Nicht selten schilderten die Reisenden ihre Erlebnisse in abenteuerlichen Zeitungsberichten. Auch die Ankunft der Tiere wurde medial zelebriert. So legte sich ein Journalist der ‹Basler Nachrichten› 1947 an der Landesgrenze auf die Lauer, um als Erster vom Eintreffen der Giraffen berichten zu können: «Am Morgen des Freitags traf in der Rheinstadt die Meldung vom Herannahen ein, und zu früher Nachmittagsstunde überfuhr der gewaltige französische Camion mit seinem ebenso gewaltigen Anhänger beim Lysbüchel die Schweizergrenze.» Als 1952 die Elefanten in Basel eintrafen, waren nicht mehr nur Journalisten vor Ort, sondern «eine aussergewöhnlich grosse Menschenmenge», wie es unter einem Bild im Jahresbericht von 1952 heisst.

Ausladen der Giraffen am Bahnhof Basel SBB im Juni 1947: Die Tiere waren von der mehrwöchigen Reise so mitgenommen, dass sie wenige Wochen später starben.

GAME RANCH
A. KUENZLER
P.O. BOX
ARUSHA T.T
A.K
KELLER A.G.
98

Nur dank dem Kolonialismus

Doch wie so häufig hat auch diese Geschichte eine Kehrseite. Ein Grossteil dieser Tierfangexpeditionen war nur dank der Kolonialstrukturen möglich, die im 19. und 20. Jahrhundert in weiten Teilen des globalen Südens herrschten. Ernst Langs Expeditionen führten ihn tief in die damaligen Kolonialgebiete. Im Archiv des Zoo Basel zeugen noch heute die Briefwechsel mit der belgischen und britischen Kolonialverwaltung von diesen Verstrickungen.

Auch der Grosswildjäger August Künzler, dem die Basler Delegation 1947 die beiden Giraffen abkaufte und auf dessen ‹Big Game Ranch› sie mehr als einen Monat wohnte, pflegte enge Kontakte zur britischen Kolonialverwaltung. Sie hatte Künzler nach dem Zweiten Weltkrieg die einzige Tierfanglizenz für das gesamte Land übertragen, und das britische Militär stellte ihm für seine Fangvorhaben Material und sogar ein Raupenfahrzeug zur Verfügung. Künzler lieferte seine Tiere auch an den Zoo Zürich und an zahlreiche andere Tierparks in Europa, Nordamerika und Japan.

Geburten statt Importe

Mehrere Entwicklungen setzten den zooeigenen Fangexpeditionen schliesslich ein Ende. Die oft bewaffneten Unabhängigkeitskonflikte in ehemaligen Kolonien machten es etwa in Afrika zunehmend schwierig, Tiere zu besorgen. Ab 1973 legte das CITES-Abkommen strenge Richtlinien zum Export vieler Tierarten fest. Und nicht zuletzt dank eigener Zuchterfolge hatte der Zoo Basel immer weniger Bedarf an Tierimporten.

Was die Giraffen betrifft, so gab es seit 1947 keinen Import mehr. 1952 gelang dem Zolli deren Nachzucht – als erstem Tierpark in der Schweiz. Bis 2011 kamen über vierzig Jungtiere zur Welt, dann wechselte der Zoo von den Massai- zu den selteneren Kordofan-Giraffen. Auch bei ihnen hat es bereits mehrmals Nachwuchs gegeben. Seit 1952 wurden im Zolli rund fünfzig Giraffen geboren. Auch das hört sich nach einem Superlativ an.

Eine grosse Menschenmenge nahm die fünf ‹Elefäntli› in Empfang, als sie im November 1952 in Basel ankamen. Ihre Reise von der ‹Big Game Ranch› in Tanganjika (heute: Tansania) in die Schweiz dauerte rund einen Monat.

Darf ein Zoo noch Tiere aus der Natur holen?

«Bei der Frage, ob ein Zoo noch Tiere aus der Natur holen darf, muss zunächst diskutiert werden, was ‹Natur› heute überhaupt bedeutet. Einen freien, unberührten Raum, wo Tiere ohne menschlichen Einfluss leben, gibt es nämlich fast nicht mehr. Überall auf der Erde setzt der Mensch den Tieren Grenzen – sei es in Form von Besiedlung, Landwirtschaft oder Zerstörung ihrer Lebensräume. Der Gegenentwurf dazu sind Nationalparks und Reservate. Aber auch diese sind geografisch beschränkt und oft von hohen Zäunen umgeben. Im Innern mancher Reservate sind die Tiere nicht sich selbst überlassen: Menschen verwalten die Tierpopulationen, Tierärztinnen und Tierärzte verabreichen wichtige Impfungen, und mancherorts werden Tiere sogar gefüttert. Überzählige Individuen werden an andere Parks abgegeben oder abgeschossen.

Die unberührte Natur existiert heute nicht mehr. Deshalb unterscheiden wissenschaftlich geführte Zoos und Aquarien sowie internationale Tier- und Naturschutzorganisationen mittlerweile auch nicht mehr zwischen Tieren in Zoos und solchen in der Natur. Beim ‹One Plan Approach to Conservation› – einer Idee, die auch der Zoo Basel mitträgt – gibt es von jeder Tierart nur noch eine einzige globale Population. Zoos, Nationalparks, Umweltschutzorganisationen sowie Privathalterinnen und -halter verwalten gemeinsam diese weltweite Population. Das Ziel ist der genetisch möglichst vielfältige Erhalt von Tierarten. Im Sinne des ‹One Plan Approach to Conservation› ist die Entnahme von Tieren aus der Natur in manchen Fällen nicht nur sinnvoll, sie kann sogar zur Rettung einer ganzen Art beitragen. So sind beispielsweise die Boulengers Flachschildkröten, die im Haus Gamgoas zu sehen sind, zwar stark gefährdet. Dennoch erhielt eine private Artenschutzorganisation von den südafrikanischen Behörden die Erlaubnis, zwei Paare aus ihrem natürlichen Lebensraum zu entnehmen. Nach kurzer Zeit gelang der Organisation die Nachzucht, und 2023 war die vierköpfige Population bereits auf 21 Tiere angewachsen. Hier wurde also durch eine Entnahme aus der Natur eine Tierart gerettet, die sonst mit allergrösster Wahrscheinlichkeit vom Menschen ausgerottet worden wäre.

Obwohl der Import von grossen Säugetieren wie Elefanten in Europa derzeit stark umstritten ist, wäre er im Sinne des ‹One Plan Approach to Conservation› wieder denkbar. Im Krüger-Nationalpark in Südafrika vermehren sich die Elefanten inzwischen so stark, dass die Futterpflanzen nicht schnell genug nachwachsen können. Damit das Ökosystem nicht kollabiert und die Tiere elend verhungern müssen, werden schon heute regelmässig Elefanten in andere Nationalparks in Afrika gebracht. Fehlt dort der Platz, müssen sie abgeschossen werden. Die Alternative wäre, die Nationalparks zu vergrössern – dafür müssten aber Menschen umgesiedelt werden, was meist nicht infrage kommt. In solchen Fällen sollte ein weltweiter Austausch mit Zoos stattfinden – selbstverständlich auf tiergerechte Weise und nicht in Fangaktionen, wie es sie früher zum Teil gab und welche die Tiere traumatisierten.»

Fabian Schmidt, Kurator Zoo Basel

Blick ins Kistenlager des Zoo Basel, wo sich Transportboxen in allen Formen und Grössen stapeln. Die ältesten stammen aus den 1950er-Jahren.

22
LIVE ANIMALS
ZOO BASEL
ZOO BASEL
ZOO BASEL
ZOO BASEL

Das Infomobil - ein Informationsangebot des Freundevereins Zoo Basel

18 Freunde seit über hundert Jahren

Der Freundeverein als treuer Begleiter

Nach dem Ersten Weltkrieg aus grösster Not heraus gegründet, ist der Freundeverein mittlerweile zu einem unverzichtbaren Förderer des Zoo Basel geworden.

Spätestens beim Futter merkt man, dass die Kleinen Kudus nicht aus Westeuropa stammen, sondern aus Ostafrika. Diese Antilopenart frisst nämlich vorwiegend Blätter, die in den Akazienwäldern von Tansania, Kenia und Somalia zu jeder Jahreszeit wachsen. In den hiesigen Breitengraden hingegen wird das Nahrungsangebot im Herbst mit dem Laubabwurf der Bäume knapp. Zum Glück hat der Zolli gute Freundinnen und Freunde, die im Sommer vorsorgen und für die Kleinen Kudus Blattsilage herstellen. Jedes Jahr sitzen zahlreiche Mitglieder des Freundevereins bei schönstem Juli-Wetter im Keller des Betriebsgebäudes und helfen den Zolli-Gärtnern dabei, Äste von Laub zu befreien. In tagelanger, aufwendiger Handarbeit füllen die ‹Blättlizupfer› ein Fass nach dem andern – eine Arbeit, die für die Gärtner allein nicht zu bewältigen wäre. In den Fässern vergären die Blätter dann zu Blattsilage, die bei den Giraffen, Okapis und Kleinen Kudus im Winter für Abwechslung auf dem Speiseplan sorgt.

Grosszügige Freunde

Dass der Freundeverein den Zolli unterstützt – durch Taten, finanziell und ideell –, ist quasi Bestandteil seiner DNA. Er wurde 1919 zu diesem Zweck gegründet, als sich der Zoo nach dem Ersten Weltkrieg in einer finanziellen Notlage befand. Um wieder mehr Publikum anzulocken, organisierte der Verein im Garten Konzerte, warb für Sonderanlässe und stiftete dem Zolli Tiere, die nach dem Krieg sehr teuer und schwer zu beschaffen waren. 1930 finanzierte er mit dem Bau des Affenfelsens erstmals eine grosse Tieranlage, besorgte 1954 für den ersten Gorilla im Zoo Basel ein Gspänli und beteiligte sich 1992 am Kauf zweier Flusspferde, um nur ein paar seiner zahlreichen Geschenke zu nennen.

Der Freundeverein unterstützt den Zoo in vielerlei Hinsicht – hier bei der Wissensvermittlung im Garten. Am Infomobil zum Thema ‹Hörner und Geweihe› kann das Publikum anhand eines Helms selbst spüren, wie schwer ein Rentier an seinem Geweih trägt.

Die Rolle als finanzieller Unterstützer hat der Verein bis heute beibehalten. Er fördert die Bildungsarbeit im Zolli mit einem namhaften Betrag, gibt das ‹Zoo Basel Magazin› heraus und sponsert das von ihm organisierte Bildungsprogramm für Kinder, die ‹ZolliGumper›. Dank Schenkungen und Hinterlassenschaften kann der Verein grössere Beträge sprechen. Er hat es sich zur Aufgabe gemacht, für eher unscheinbare Zooprojekte Geld zu geben, die sich nur schwer finanzieren lassen. So hat der Freundeverein zum Beispiel den Bau eines Fuchszauns rund um den Zoo ermöglicht oder kam kurzfristig für eine neue Lüftung im Stall der Javaneraffen auf, als die alte ausgestiegen war. Er unterstützt auch grössere Bauprojekte mit namhaften Beträgen. 2016 sprach er zum Beispiel 250 000 Franken für den Bau der Elefantenanlage Tembea.

Interessierte Freunde

Als Anerkennung und Dank für ihr Engagement dürfen die rund dreitausend Freundinnen und Freunde regelmässig hinter die Kulissen des Zolli blicken. Auf den vierteljährlichen Rundgängen zeigt zum Beispiel der Tierarzt die Tierarztstation oder eine Kuratorin informiert in der Vortragsreihe ‹Freunde wissen mehr› über ein aktuelles Forschungsprojekt. Die Mitglieder sollen Grundsätze, Auftrag und Absichten eines wissenschaftlich geführten Zoos kennenlernen und als Botschafterinnen und Botschafter des Zoo Basel auftreten können.

Zoo und Freundeverein sind zwei verschiedene rechtliche Körperschaften, doch sie verfolgen ausdrücklich die gleichen Ziele: Erholung, Naturschutz, Bildung und Forschung. Dem Vereinspräsidenten, dem ehemaligen Baselbieter Regierungsrat Peter Schmid, ist die Informiertheit der Vereinsmitglieder ein zentrales Anliegen: «Freundinnen und Freunde sollen ein Gespür für einen tiergerechten Zoo bekommen und in meinungsbildenden Prozessen in der Gesellschaft argumentieren können.»

Engagierte Freunde

An Interesse und Engagement der Freundinnen und Freunde fehlt es nicht. Das wird deutlich, wenn an einem Samstagmorgen trotz der frühen Stunde weit über hundert Zolli-Freunde an einer Führung teilnehmen. Oder wenn an besucherreichen Tagen Mitglieder des Freundevereins die Infomobile betreuen, das sind fahrbare Stände, die im Garten aufgestellt werden und praxisnahe Informationen zu einem biologischen Thema vermitteln. Am Infomobil ‹Hörner und Geweihe› zum Beispiel setzen die Betreuerinnen und Betreuer Kindern einen Helm mit einem Geweih auf den Kopf und lassen sie erleben, wie viel Gewicht ein Rentier auf dem Kopf trägt. Oder sie zeigen am Giraffen-Infomobil auf spielerische Art und Weise, wie geschickt die Tiere mit ihrer Zunge sind und wie weit sie diese herausstrecken können.

Die Freunde sind zudem an vielen Sonderanlässen wie der Zoo-Nacht oder dem ‹World Ocean Day› im Garten vertreten, und eine Gruppe des Freundevereins verkauft im Gamgoas seit zwanzig Jahren regelmässig Kunsthandwerk der San aus Namibia. Damit unterstützt der Freundeverein das Bestreben der indigenen Bevölkerung, ihre Traditionen in zeitgemässer Weise in die Zukunft führen zu können. Eine besondere Rolle hatten die Freundinnen und Freunde zudem während der Coronapandemie. Sie halfen dem Zolli bei den aufwendigen Eingangskontrollen und leisteten viele Stunden ehrenamtlicher Arbeit. «Dass wir seit über hundert Jahren auf den Freundeverein, unseren hooliganfreien Fanclub, zählen können, ist unbezahlbar und verdient grosse Anerkennung», sagt Zoodirektor Olivier Pagan.

Übrigens: Dank den Freunden fressen die Kleinen Kudus nicht nur Blattsilage im Winter, sondern können sich dabei auch die Sonne aufs Fell scheinen lassen. Der Verein hat 2008 den Umbau der Antilopen-Aussenanlagen finanziert.

Im Sommer hilft der Freundeverein den Zolli-Gärtnern während zwei Wochen beim ‹Blättlizupfen›. Daraus entstehen rund 1,2 Tonnen Winterfutter für die Giraffen, Kleinen Kudus und Okapis.

→
Bei den Kleinen Kudus tragen nur die männlichen Tiere Hörner. Sie wachsen schraubenförmig und können bis zu siebzig Zentimeter lang werden.

19
Niet- und nagelfest
Ein Blick in die Zoowerkstatt

In einem Zoo, wo jährlich über eine Million Besucherinnen und Besucher ein- und ausgehen und rund 550 verschiedene Tierarten zu Hause sind, geht einiges kaputt. Der Zolli beschäftigt deshalb eigene Handwerker, die rund um die tierischen Bewohner auch unkonventionelle Probleme lösen.

Seit Jahrzehnten fahren die Elektrowägeli leise und zuverlässig durch den Zolli und lösen bei vielen Menschen nostalgische Gefühle aus. Es sind wahre Oldtimer, die von den zooeigenen Handwerkern regelmässig gewartet werden. Ohne ihr Fachwissen würde noch manch anderes nicht mehr funktionieren. Zum Team, das aus einem Dutzend Männern besteht, gehören Landmaschinenmechaniker, Schlosser, Maurer, Sanitäre, Elektriker, Gipser, Automatiker, Schreiner und Maler. Viele von ihnen haben eine Doppelausbildung als Handwerker und Tierpfleger absolviert, denn ein handwerklicher Erstberuf ist im Zoo Basel Voraussetzung für eine Lehre als Wildtierpfleger. Zum Teil werden sie sowohl in der Tierpflege als auch in der Werkstatt eingesetzt, zum Teil arbeiten sie als reine Handwerker. Im Alltag braucht es ein Gespür für Tiere, aber auch Erfindergeist. Vier Zolli-Handwerker geben Einblick in ihre Arbeit.

Oldtimer-Reparaturen

Alexandro Fringer ist gelernter Landmaschinenmechaniker und für den Unterhalt der Elektrowägeli zuständig. Sie zu reparieren, ist manchmal eine echte Herausforderung: «Die beliebten Elektrowägeli haben schon einige Jahrzehnte auf dem Buckel. Das älteste hat Baujahr 1957! Ich überhole ihre Elektromotoren, kontrolliere die Bremsen, ersetze Radlager, ziehe neue Pneus auf, repariere durchgerostete Stellen und vieles mehr. Wenn ein solches Fahrzeug bei mir in der Werkstatt steht, ist oft Improvisation gefragt: Viele Teile sind gar nicht mehr erhältlich, und ich muss Normteile abändern und individuell anpassen.

Die Fahrzeuge passen gut zum Zolli, da sie klein sind und wir damit gut über die geschwungenen Wege und durch die Besuchermassen kommen. Und doch können wir sie mit allerlei Material beladen. Besonders die Steh-Elektrowagen bieten auf ihrer Ladefläche viel Platz für sperrige Materialien. Ich repariere im Zolli so gut wie alles: von der Motorsäge über den Rasenmäher bis zum Pneulader.»

Boxen für Tiertransporte

Christian Winkler arbeitet seit 45 Jahren im Zolli. Der gelernte Schreiner und Tierpfleger weiss, worauf es bei einem Tiertransport ankommt: «Wenn Zootiere auf Reisen gehen, bauen wir Schreiner ihre Transportboxen. Ich habe schon Boxen für Zebras, Antilopen, Gorillas, Orang-Utans, Schimpansen und alle möglichen anderen Tiere gebaut. Die verrückteste Box, die ich je angefertigt habe, war die einer Giraffe. Sie hatte einen Deckel zum Rauf- und Runterkurbeln, damit das Tier seinen Hals strecken konnte.

Ich bin nicht nur für den Bau der Boxen zuständig. Am Transporttag bin ich auch für die Abläufe beim Ein- oder Ausladen verantwortlich. Manchmal muss man ein Tier mit einer Bretterwand Schritt für Schritt in Richtung Box lenken. Oder wir müssen Abschrankungen bauen, damit das Tier nirgends wegkann, wenn der Transporter an die Stalltür heranfährt und sich die Box öffnet. Dafür berate ich mich vorab mit dem Tierpfleger, dem Kurator und dem Verantwortlichen für Tiertransporte, wie wir das Tier am besten ‹ein- und auspacken›, wie ich es nenne. Die 45 Jahre, die ich schon im Zolli arbeite, kommen mir dabei sicher zugute. Ich schätze ab, wie viele Helfer es braucht und welche Hilfsmittel zum Einsatz kommen. Denn Tiere transportieren ist immer Teamarbeit. Es braucht eine eingespielte Crew, eine ruhige Atmosphäre und viel Erfahrung. Es ist mir wichtig, stets jüngere Kolleginnen und Kollegen mit einzubeziehen, um ihnen mein Wissen weiterzugeben.»

Kamera-Installation im Affenhaus

Gut, dass Daniel Kohler eine Doppelausbildung als Elektriker und Tierpfleger hat. Denn seine Arbeit führt ihn häufig an nicht ganz alltägliche Orte, wo er den Tieren sehr nahe ist: «Im Moment montiere ich im schmalen Pflegergang hinter der Gorilla-Anlage Kameras und Infrarotlampen für eine Beobachtungsstudie. Studenten einer kanadischen Universität wollen das Schlafverhalten von Gorillas studieren und haben uns ihre Ausrüstung zugesandt. Wir sind bei diesen Installationsarbeiten nur durch ein Gitter von den Tieren getrennt, wir hören und riechen sie, und sie nehmen auch uns wahr. Solange wir sie aber nicht gross beachten und unserer Arbeit nachgehen, bleiben auch sie ruhig. Ich glaube, wir sorgen bei ihnen sogar für eine gewisse Unterhaltung, vermutlich ist es für sie ein wenig wie Fernsehen.

Landmaschinenmechaniker Alexandro Fringer in der zooeigenen Werkstatt. Sie befindet sich im Betriebsgebäude links vom Haus Gamgoas und ist für das Publikum nicht zugänglich.

SWF
AX 4 TRONIC
STILL

LORCH

Sie halten den Zolli instand: die Handwerker in einer der Werkstätten des Betriebsgebäudes. Darin sind eine Malerei, Schlosserei, Schreinerei, Elektrikwerkstatt und eine Maurerei untergebracht.

Gorillas bleiben in der Regel auf Distanz und kommen nicht ans Gitter heran. Bei Schimpansen oder Orang-Utans wäre das ganz anders. Sie würden mit ihren schmalen Händen sofort durchs Gitter greifen und alles untersuchen wollen. Da muss man immer aufpassen, wo die Werkzeuge liegen und dass keine Kabel in Griffweite sind. Es ist mir schon passiert, dass ich hinter der Orang-Utan-Anlage hoch oben auf einer Leiter stand und plötzlich zwei Hände die Leiter umfassten. Zum Glück kannte ich das Orang-Utan-Weibchen gut und konnte ihr zureden und langsam von der Leiter steigen. Als Zolli-Elektriker hat man manchmal schneller einen Assistenten, als einem lieb ist.»

Elefant gegen Metallbauer

Reto Lehmann leitet das Handwerker-Team im Zolli. Er ist gelernter Metallbaukonstrukteur und Tierpfleger, und bei seiner Arbeit braucht es oft Erfindergeist: «Im Zolli gibt es immer wieder Tiere, die uns Handwerker ganz schön auf Trab halten.

↖
Werkstattleiter Reto Lehmann beim Bearbeiten einer Verstrebung. Damit verstärkt er die Poller auf der Elefantenanlage.

←
Schreiner Christian Winkler hat in seinen 45 Jahren im Zolli schon riesige Transportkisten für Elefanten wie auch winzige Böxli für Rüsselhündchen gebaut.

Besonders die intelligenten und kräftigen unter ihnen machen so einiges kaputt. Der im Sommer 2023 verstorbene Elefantenbulle ‹Tusker› hat uns Schlosser ziemlich gefordert. Schlau wie er war, hat er gemerkt, dass er die Baumstämme auf der Anlage, die eigentlich zum Spielen da sind, als Hebel nutzen konnte. Er hat mit dem Rüssel einen grossen Baumstamm hochgehoben und ihn zwischen einen Felsblock und einen Poller aus Metall geklemmt. Dann hat er mit seinem ganzen Körpergewicht dagegengedrückt, und weil die Hebelwirkung so stark war, hat es die Schrauben des Pollers nur so aus dem Boden gespickt. Also mussten wir kurzfristig grosse Steinblöcke herbeischaffen, um die Anlage zu begrenzen.

Es ist manchmal erstaunlich, auf welche Ideen die Tiere kommen und welche Kräfte sie entwickeln. Wir müssen ihnen immer einen Schritt voraus sein und erahnen, was sie als Nächstes versuchen könnten. Bei ‹Tusker› aber war es umgekehrt: Kaum hatten wir etwas repariert, hat er uns mit neuen Ideen überrascht.»

20 Ein gutes Auge für Tiere

Einblicke in die Arbeit eines Zookurators

Welche Tiere hält der Zoo? Wie züchtet man sie? Und was müssen ihre Anlagen bieten? Für solche Fragen ist Kurator Fabian Schmidt zuständig. Er erzählt aus seinem Arbeitsalltag – und verrät, warum manchmal nur noch die Fütterung einer südamerikanischen Riesenechse hilft.

«Mein erstes Tier war eine Griechische Landschildkröte. Sie war über zwanzig Jahre alt, hiess ‹Hermannine›, ich war fünf, und um mich war es geschehen. Mein Vater, der damals Kurator im Zoo Zürich war und später Zoodirektor in Frankfurt, hatte sie nach Hause gebracht. Während meines Biologiestudiums hatte ich bereits ein eigenes Terrarienzimmer, danach studierte ich diverse Arten im Freiland. Und als Kurator kann ich meine Passion weiterführen. Im Zoo Basel arbeiten drei Kuratorinnen und Kuratoren, in meinen Aufgabenbereich fallen das Vivarium, die Tembea-Anlage sowie Etoscha und Gamgoas. Ich kümmere mich um rund 480 Tierarten. Darunter hat es Fische, Reptilien und Amphibien, diverse Insektenarten, Vögel und Kleinsäugetiere, aber auch Löwen und Elefanten. Und insgesamt neun Schildkrötenarten, was mich besonders freut.

In meinem Arbeitsalltag setze ich mich einerseits mit fachlichen Fragen auseinander: Ich stelle sicher, dass unsere Tierhäuser auf dem neusten Stand sind und unsere Haltungsbedingungen den Tierbedürfnissen und den Gesetzen entsprechen. Ich koordiniere die Zuchtprogramme meines Tierbestands und halte mich wissenschaftlich à jour. Ich arbeite Vorschläge aus, welche neuen Tierarten in den Zoo kommen und welche Tiere wir nicht mehr halten. Und ich besuche Tagungen, wo Fachleute anderer Zoos über ihre Haltungserfahrungen berichten, und informiere dort in Vorträgen über Erkenntnisse aus dem Zoo Basel.

Wie meine Arbeit konkret aussieht, lässt sich am Beispiel der stark gefährdeten Boulengers Flachschildkröten aufzeigen. Als die niederländische Stiftung ‹Dwarf Tortoise Conservation› 2019 beschloss, ein privates Erhaltungszuchtprogramm ins Leben zu rufen, nahm ich Kontakt mit Victor Loehr auf. Mit dem Gründer der Stiftung war ich schon während meines Studiums mehrmals in Südafrika gewesen und hatte mitgeholfen, die Schildkröten zu suchen und ihre Standorte auf einer Karte einzuzeichnen. Loehr willigte ein, dass der Zoo Basel – als einziger Zoo weltweit – einige Tiere zur Nachzucht und zur Ausstellung erhalten sollte.

Wenn ich eine neue Art wie die Boulengers Flachschildkröten in den Zolli bringen will, die eine eigene Anlage braucht, muss ich der Zoodirektion einen Projektantrag unterbreiten. Am Anfang steht eine ausgedehnte Recherche zu den Bedürfnissen und den Haltungsanforderungen der Tiere. Bei den Flachschildkröten fiel die Recherche weg, denn ich hatte bereits sehr viel Vorwissen. Auch der Ort, wo sie im Zolli hinkommen, stand bald fest: Sie sollten das verwaiste Termitenlabor im Gamgoas ersetzen. Als ich die Zustimmung zum Projekt hatte, ging es an die Detailplanung. Ich koordinierte mit den Handwerkern, wie viele Terrarien zu bauen sind, welche Lampen es braucht und aus welchem Material der Boden bestehen muss. Mit der Tierärztin und dem Futtermeister besprach ich den Futterplan und mit der Transportabteilung plante ich, wann und wie die Tiere in den Zoo Basel geliefert werden.

Im Februar 2022 brachte Victor Loehr die ersten drei Tiere in den Zoo Basel. Etwas mehr als ein Jahr hielten wir sie hinter den Kulissen. Bevor ihre neue Anlage eröffnet wurde, versorgte ich die Bildungsabteilung mit Informationen fürs Gehegeschild und stellte der Kommunikation biologische Fakten für die Medienmitteilung zusammen. Wenn man nach all diesen Schritten die neue Tierart endlich in ihr neues Zuhause einsetzen kann, gehört das zu den schönsten Momenten, die man als Kurator erlebt.

All diese Aufgaben zeigen: Einen grossen Teil meiner Arbeitszeit verbringe ich im Büro, am Recherchieren und Koordinieren sowie an Sitzungen. Die restliche Zeit bin ich draussen bei den Tierpflegerinnen und Tierpflegern. Ich statte ihnen täglich einen Besuch ab, damit ich auf dem Laufenden bin, was im Zoo vor sich geht. Als Kurator übernehme ich keine tierpflegerischen Arbeiten. Wenn mir aber wegen der vielen Sitzungen und Büroarbeiten der Schädel brummt, gehe ich ins Vivarium und nehme mir die Freiheit, unseren Krokodilteju – eine grosse südamerikanische Echsenart – persönlich zu füttern. Der Reptilienpfleger hat Verständnis dafür. Danach bin ich wieder geerdet und fühle mich zu den Griechischen Landschildkröten meiner Kindheit zurückversetzt.»

Von den Boulengers Flachschildkröten gibt es in der Natur nur noch wenige Exemplare. Umso behutsamer setzt Kurator Fabian Schmidt das kleine Tier in das Terrarium im Gamgoas ein.

21 Tiere hinter Gittern

Vom Wandel der Zootierhaltung

Bis Mitte des 20. Jahrhunderts hielt der Zoo Basel möglichst viele verschiedene Tierarten in zwingerähnlichen Anlagen. Was heute überholt ist, widerspiegelte den damaligen Kenntnisstand in der Tierhaltung.

Die Löwen sind im Zoo Basel das Fotosujet schlechthin: Wenn sie majestätisch auf den erhöhten Felsen liegen und sich die Sonne aufs Fell scheinen lassen, warten oft mehrere Fotobegeisterte auf der Gamgoas-Aussenplattform auf den perfekten Moment. Je nach Bildausschnitt ist kaum erkennbar, dass die Fotos aus einem Zoo stammen. Weder Gitterstangen noch Drahtgeflechte stören die freie Sicht aufs Tier.

Ein ganz anderes Bild bot sich dem Publikum im Jahr 1890, als erstmals Löwen im Zoo Basel gehalten wurden. Damals, und ebenso im 1904 neu gebauten Raubtierhaus, lebten sie hinter dicken Gitterstäben. Die Tiere waren für das Publikum jederzeit zu sehen, sowohl innen vom Besuchergang aus als auch von aussen. Das Raubtierhaus bot dem Publikum zudem eine ganze Sammlung verschiedener Arten: Löwen, Tiger, Pumas, dazu einen Leoparden, einen Geparden und einen schwarzen Panther.

Exotische Tierpaläste

Ein Relikt aus der Zeit, als man möglichst viele verschiedene Tiere einer Art präsentierte, ist das Antilopenhaus. Es wurde 1910 erbaut und ist das älteste noch bestehende Tierhaus im Zoo Basel. Damals lebten in dem Gebäude acht verschiedene Arten in Einzelabteilen: ein Paar Elenantilopen, ein Streifengnu, ein Paar Weissschwanzgnus, eine Säbelantilope, ein Paar Buschböcke, ein Paar Sumpfantilopen, eine Zwergantilope sowie vier Afrikanische Strausse. Wer heute in der Halle des mehrfach renovierten Antilopenhauses steht, kann sich leicht in das Besuchererlebnis von 1910 zurückversetzen.

Am Antilopenhaus werden Charakteristika der Zooarchitektur um 1900 deutlich: Zum einen sollte der Baustil der Länder imitiert werden, aus denen die Tiere stammten. Das Antilopenhaus war als kolonialer Prunkbau inszeniert, das Elefantenhaus als nordafrikanischer Palast, und das Raubtierhaus war mit exotischen Stilelementen dekoriert. Die ‹fremdländische› Architektur sollte das Fernweh des Publikums befriedigen, denn Reisen in exotische Länder konnte sich nur die Oberschicht leisten. Ein weiteres Merkmal der Bauten um 1900 war ihre sternförmige Architektur. Vom Zentrum aus sollten Besucherinnen und Besucher die verschiedenen Tiere überblicken und vergleichen können.

Das Wissen ums Tierwohl nimmt zu

Nach dem Zweiten Weltkrieg führten neue Erkenntnisse der Zoologie und der Verhaltensbiologie zu Veränderungen in der Wildtierhaltung. Man wusste inzwischen, dass sich bei den Grosskatzen in der Natur die Weibchen zum Gebären zurückziehen. Um diese Erkenntnis auf die Zoohaltung zu übertragen, baute der Zolli im Raubtierhaus von 1956 gesonderte Wurfboxen für die Löwen und Tiger. Das Haus wurde zudem mit beheizbaren Böden und einer Lüftung ausgestattet und die Hygiene verbessert. Das Publikum konnte die Raubkatzen nun durch feinere Maschengitter betrachten statt durch massive Eisenstangen. Ein vollständiger Verzicht auf Gitter war auf der Raubtieranlage zu dem Zeitpunkt noch nicht möglich. Ganz neu waren die Bestrebungen, Tiere wenn möglich ohne Gitter zu zeigen, in den 1950er-Jahren allerdings nicht. Schon in den 1920er-Jahren hatte der Solothurner Bildhauer Urs Eggenschwyler im Zoo Basel Anlagen gebaut, die statt mit Gittern mit Gräben ausgestattet waren. Diese Idee stammte vom Hamburger Tierhändler, Zoo- und Zirkusbesitzer Carl Hagenbeck, bei dem Eggenschwyler gearbeitet hatte. Hagenbeck hatte die Zoowelt um die Jahrhundertwende mit den ersten gitterlosen Anlagen revolutioniert.

Löwenhaltung in der ersten Hälfte des 20. Jahrhunderts. Das Bild zeigt das Raubtierhaus von 1904, das bis 1956 bestand.

Eggenschwylers prominenteste Anlage im Zoo Basel ist der bis heute bestehende Seelöwenfelsen von 1922. Er ist aus Kunstfelsen gefertigt und imitiert den natürlichen Lebensraum von Seelöwen an der kalifornischen Küste. Der Trend, die Lebensräume von Tieren künstlich nachzubauen, hielt im Zolli aber nicht lange an. Bereits in den 1940er-Jahren verzichtete man wieder darauf aus der Erkenntnis heraus, dass ein natürlich wirkendes Erscheinungsbild allein nichts zum Wohl der Tiere beiträgt. Eher wollte man ihren Lebensraum in die hiesigen Verhältnisse übersetzen und mit den verfügbaren Mitteln ihre Bedürfnisse nach Sichtschutz, Schatten oder Klettermöglichkeiten abdecken. Insbesondere der Gartengestalter Kurt Brägger, der ab den 1950er-Jahren im Zolli wirkte, verwendete zur Gehegegestaltung konsequent einheimische Pflanzen und Baumaterialien.

Ein Puzzlestück im Ökosystem

Bis zur Jahrtausendwende zeigten die meisten Anlagen im Zoo Basel die Tiere als solche, ohne ihre Funktion in der Natur zum Thema zu machen. Dies änderte sich mit der Eröffnung der Häuser Etoscha (2001) und Gamgoas (2003). Sie waren die ersten Themenanlagen, die ganze Lebensräume abbildeten und ein tieferes Verständnis für die Zusammenhänge in der Natur vermitteln wollten. So steht im Etoscha der Nahrungskreislauf im Zentrum: Wer frisst wen und wer übernimmt welche Aufgabe im Ökosystem? Dieser Ansatz erlaubt es, neben den grossen Tieren auch vermeintlich uninteressante Winzlinge wie Rosenkäfer oder Grasmäuse zu zeigen. Sie alle zusammen führen vor Augen: Wenn eine Art aus dem Lebensraum verschwindet, hat das einen Einfluss auf das ganze Ökosystem und damit auf den Nahrungskreislauf – an dessen Spitze auch der Löwe nichts mehr zu fressen hat, wenn das System kippt.

Löwen sind die einzigen sozialen Grosskatzen. Die Haltung in der Themenanlage Gamgoas ermöglicht ein Leben im Rudel.

Darf man Tiere einsperren?

«In Zoohaltung ist es unumgänglich, den Raum der Tiere zu begrenzen. Wir sperren Tiere im Zoo aber nicht einfach ein, sondern schaffen für sie ein künstliches Territorium, das ihrer Art entspricht. Dort finden die Tiere alles, was sie zum Leben brauchen: Nahrung, Wasser, Schutz vor Feinden, Krankheit und extremen klimatischen Bedingungen sowie Kontakt zu Artgenossen, wo dies ihrer Art entspricht.

Abgesehen von den gefährlichen Tieren könnten die meisten Zootiere ihr Territorium sogar verlassen, wenn sie wollten. Kängurus zum Beispiel könnten ohne Weiteres über den Wassergraben springen, der ihre Anlage begrenzt. Auch die Totenkopfäffchen könnten problemlos durch den Wassergraben schwimmen oder über die Bäume ihre Aussenanlage verlassen. Sie tun es aber nicht. Weshalb nicht?

Wenn die Bedürfnisse eines Tiers in seinem Territorium abgedeckt sind, hat es keinen Grund, dieses zu verlassen. Es würde sich damit vielmehr in Gefahr begeben. Im Zoo ist das Publikum für die Tiere eine Unbekannte, und sie fühlen sich sicherer, wenn sie sich in ihrem bekannten Gebiet aufhalten. Das sehen wir auch daran, dass ein Tier, falls es doch mal rausgeht, meist schnellstmöglich wieder auf seine Anlage zurückkehrt. In jedem Fall nehmen wir dies zum Anlass, die Haltung zu überprüfen. Wir bauen nicht höhere Zäune oder breitere Gräben, sondern fragen uns, was das Tier gestört haben könnte, und versuchen dies zu verbessern.

Die Idee, dass Tiere in der Natur in grenzenloser Freiheit leben und frei umherstreifen können, entspricht nicht der Realität. Territoriale Tiere wie zum Beispiel Schimpansen können sich nicht plötzlich einer neuen Schimpansengruppe in einem anderen Gebiet anschliessen. Sie würden sofort getötet. Auch Geparden leben in der Natur in klar abgesteckten Territorien und müssen sich innerhalb dieser Grenzen bewegen. Und ein Riff-Fisch kann nicht ins offene Meer hinausschwimmen, sondern das Riff bildet für ihn eine unüberwindbare Grenze. In der Natur wie auch im Zoo leben Tiere in einem System aus Sachzwängen, mit denen sie umgehen müssen. Tiere sind sehr anpassungsfähig und lernen schnell. Während in der Natur Faktoren wie Feinde, Nahrungssuche, klimatische Bedingungen oder Krankheiten die Schranken setzen, sind es im Zoo die vom Menschen gesetzten Grenzen.»

Adrian Baumeyer, Kurator Zoo Basel

Die Geparden überblicken ihr Territorium im Zoo von einer Anhöhe aus.

22
Medizin per Blasrohr
Erfindungen aus der Tierarztstation

Wenn Wildhunde beim Impftermin nicht stillstehen, wenn Panzernashörner narkotisiert werden müssen und Elefanten Zahnweh haben, muss das Tierärzte-Team im Zolli kreativ werden.

Sobald der erste Impfpfeil aus dem Blasrohr sein Ziel trifft, herrscht blanke Aufregung bei den Wildhunden. Es wird gebellt, gerannt und rumgehüpft, und welches der Tiere bereits geimpft wurde, ist für das Tierärzte-Team beim besten Willen nicht mehr auszumachen. Dabei geschieht der kurze Stupf mit dem Impfpfeil in bester Absicht: Afrikanische Wildhunde sind in der Natur stark gefährdet, in ihrer Heimat im südlichen Afrika leben nur noch wenige tausend Tiere. Verständlich also, dass man das Rudel gegen Krankheiten wie Tollwut oder Zwingerhusten schützen möchte. Doch die guten Absichten kümmern die Tiere wenig, und wie so häufig im Zolli muss das Tierärzte-Team erfinderisch werden.

Es findet die Lösung in einer handelsüblichen Paintballkugel, die auf den Impfpfeil draufgespiesst wird. Sie hinterlässt nach dem Schuss mit dem Blasrohr einen roten Punkt an der Impfstelle des Wildhundes. Mit diesem bunten Impfausweis, der nach einigen Tagen von selbst wieder verschwindet, ist eindeutig, wer den wichtigen Schutz schon erhalten hat. Erfindungen wie diese sind typisch für die tiermedizinische Arbeit im Zoo, denn bei kranken Wildtieren gibt es selten pfannenfertige Lösungen. Was im Veterinärdienst des Zolli sonst noch Spannendes geschieht, zeigen die folgenden Anekdoten aus den vergangenen 150 Jahren.

Zootypische Zielscheibe: In der Tierarztstation trainiert das Tierärzte-Team die Treffsicherheit mit dem Blasrohr.

Alles ein paar Nummern grösser …

Menschliche Zahnarztwerkzeuge hinterlassen am Stosszahn eines Elefanten kaum einen Kratzer. Darum fährt der Zolli bei Zahnoperationen an Elefanten grösseres Geschütz auf. Der Zahnbohrer in der Länge einer Stricknadel ist ein Eigenkonstrukt der Zolli-Schlosserei und wird mit einer Schlagbohrmaschine betrieben. Das Narkosegas findet durch einen fast zwei Meter langen Spezialschlauch seinen Weg in die Luftröhre des Elefanten. Die Beatmung erfolgt über einen umgebauten Wetterballon. Um die richtige Liegeposition der vier bis fünf Tonnen schweren Dickhäuter kümmert sich ein mobiler Kran. Und zum Absaugen von Blut und Speichel kommt ein Industriestaubsauger zum Einsatz. Der Nächste bitte!

… oder kleiner

Auch ganz kleine Tiere wie Grasmäuse oder Graumulle müssen von Zeit zu Zeit unters Messer. Sie lassen sich aber nicht per Spritze betäuben, weil das Mittel in so geringen Mengen nur schlecht dosierbar ist. Stattdessen verwendet das Tierärzte-Team Narkosegas und legt die kleinen Tiere in eine winzige Betäubungskammer, die aus einem leeren Behälter für Wattestäbchen gefertigt ist.

Superpotentes Schlafmittel

Anders als bei den Grasmäusen verhält es sich bei Panzernashörnern, Elefanten oder Giraffen: Bei ihnen kommt ein hochkonzentriertes Narkosemittel zum Einsatz, das zehntausend Mal stärker als natürliches Opium ist. Wenige Milliliter versetzen einen Elefanten ins Reich der Träume. Falls sich der Tierarzt versehentlich mit der Spritze stupft oder einen Spritzer ins Auge bekommt, führt bereits ein kleiner Tropfen zu einer Überdosis. Die Anwendung des Betäubungsmittels erfolgt deshalb unter Sicherheitsvorkehrungen, und es sind immer zwei Tierärztinnen oder Tierärzte anwesend, wenn es zum Einsatz kommt.

Hustensirup im Nachmittagstee

Wenn Menschenaffen erkältet sind, tönt es wie bei uns Menschen. Gegen Husten verschreibt der Tierarzt aromatisierten Kinder-Hustensirup – bei Wildtieren kommt teilweise ‹Menschenmedizin› zum Einsatz. Menschenaffen sind Medikamenten gegenüber jedoch sehr misstrauisch und verweigern oft die Medizin. Deshalb macht das Tierärzte-Team regelmässig ‹Freundschaftsbesuche› und serviert den Affen ihren Nachmittags-Früchtetee. In Zeiten, in denen geschnieft und gehustet wird, landet dann unbemerkt etwas Hustensirup im Trinkbecher.

Mit den Blasrohren lassen sich grosse und kleine Pfeile abschiessen, die mehr oder weniger Medizin enthalten. Das krumme Exemplar ist keine Spezialanfertigung, sondern das Resultat, wenn ein Schimpanse ein Blasrohr in die Hände bekommt.

Tausende Blutröhrchen

In der Tierarztstation steht ein wertvoller Gefrierschrank. Nicht exklusive Leckerbissen machen ihn so kostbar, sondern Blutproben. Seit den frühen 1980er-Jahren kommt jedes Mal, wenn einem Zootier Blut abgenommen wird, ein Teil in die zooeigene ‹Biobank›, wie der Kühlkasten fachsprachlich heisst. Über zehntausend Röhrchen sind es inzwischen. Sie werden beispielsweise gebraucht, wenn das Tierärzte-Team wissen will, ob gewisse Infektionen schon früher im Umlauf waren. Die Blutseren zeigen, ob die Tiere bereits Antikörper dagegen entwickelt haben.

Unerwartete Nachbarschaftsgeschenke

Auch der Fang ausgebüxter Zootiere gehört zu den Aufgaben des Tierärzte-Teams. Vor einigen Jahren turnte einmal eine Horde Grüner Meerkatzen auf den Bäumen der Bachlettenstrasse herum. Die Feuerwehr wurde gerufen und der Tierarzt versuchte, die Affen aus dem Hebekorb des Feuerwehrautos heraus mit dem Betäubungsgewehr zu sedieren. Die Ausreisser duckten sich unter die Äste und mehrere Narkosepfeile verfehlten ihr Ziel. Am nächsten Tag kam ein Anwohner mit einem Narkosepfeil in der Hand an die Zolli-Kasse. Dieser habe in seinem Fensterrahmen gesteckt. Er wolle ihn gerne zurückgeben.

Hilfe aus dem Schlachthaus

In den Anfangsjahren des Zoos gab es noch keinen angestellten Tierarzt. Stattdessen rief man in tiermedizinischen Notfällen den städtischen Schlachthausverwalter zu Hilfe. Dieser seltsam anmutende Personalentscheid hatte gute Gründe: Der Schlachthausverwalter war immer ein ausgebildeter Tierarzt – und diese waren im damaligen Basel rar. 1874, im Eröffnungsjahr des Zoologischen Gartens, praktizierten nur sechs Veterinärmediziner in der Stadt.

→
Blasrohre kommen bei Narkotisierungen und Impfaktionen zum Einsatz, wie hier bei den Afrikanischen Wildhunden. Aber auch Schmerzmittel oder Antibiotika werden auf diese Weise verabreicht.

23 Freie Sicht auf die Kolonie

‹Völkerschauen› im Zoo Basel

Zwischen 1879 und 1935 fanden im Zoo Basel 21 sogenannte Völkerschauen statt. Inmitten der Tiergehege wurden Menschen aus Afrika, Südostasien oder der russischen Steppe zur Schau gestellt. Aus heutiger Sicht sind diese Schauen Ausdruck eines rassistischen Weltbildes.

Flamingos sind sehr gesellige Vögel. Wenn im Frühling die Männchen mit ihrem Balztanz ein Weibchen beeindrucken wollen, dann tun sie das nicht einzeln, sondern in einer gemeinsamen Choreografie. Fast synchron staksen sie dabei auf und ab, recken die Köpfe zur Seite, schlagen die Flügel auf, verneigen sich und beginnen den Tanz wieder von vorne. Haben sich dann Brutpaare gebildet, bauen sie ihre Nester nur einen Flügelschlag voneinander entfernt. In der Zoologie nennt man Vögel mit einem so ausgeprägten Gruppenverhalten ‹Koloniebrüter›.

Es ist ein bemerkenswerter Zufall, dass die koloniebrütenden Flamingos im Zolli auf der Festmatte leben, wo bis 1935 Menschen aus Kolonien ausgestellt wurden. In den sogenannten Völkerschauen konnte das Basler Publikum von 1879 bis 1935 Menschen aus Ceylon (heute: Sri Lanka), Senegal oder Südafrika betrachten. Diese inszenierten in einer Mischung aus Ausstellung, Theater und Show ihr angebliches Alltagsleben. Insgesamt 21 ‹Völkerschauen› fanden im Zoo Basel statt. In ihren erfolgreichsten Zeiten lockten sie um die 50 000 Zuschauerinnen und Zuschauer aus der Schweiz und dem benachbarten Ausland an.

Diese Zurschaustellung fremder Menschen war eng mit dem europäischen Kolonialismus verknüpft. Der Basler Historiker Balthasar Staehelin beschrieb diese Zusammenhänge ausführlich im Rahmen seiner Dissertation von 1993, ‹Völkerschauen im Zoologischen Garten Basel, 1879–1935›. Der Zolli stellte Staehelin für seine Recherchen sein Archiv zur Verfügung, welches heute öffentlich einsehbar im Staatsarchiv Basel-Stadt lagert.

Ein neues Geschäftsmodell

Die Idee, indigene Menschen in Zoologischen Gärten auszustellen und sie damit Tieren gleichzusetzen, stammte Anfang der 1870er-Jahre vom Hamburger Tierhändler und Zoodirektor Carl Hagenbeck. Zu jener Zeit wurden in vielen grossen Städten Zoos gegründet, die als neuartige Unterhaltungsorte viel Publikum anzogen. 1879 machte die erste ‹Völkerschau› im Zoo Basel Halt. Die «Rice-Hagenbeck-sche Nubier Caravane» bestand aus fünfzehn Männern aus Ägypten, aus Elefanten, Giraffen und Zebus.

Die erfolgreiche «Nubier Caravane» brachte während zwölf Tagen Laufzeit rund 15 000 Menschen in den Zolli, ein Fünftel aller Eintritte des Jahres 1879. Diese Einnahmen und der Erfolg von zwei weiteren Völkerschauen 1880 und 1883 führten dazu, dass der Zoo 1884 sein Areal um die eingangs erwähnte Festmatte erweiterte, wo bis 1935 alle folgenden Völkerschauen ihren Platz hatten. Der Zoo, der in den Anfangsjahren wiederholt kurz vor dem Konkurs stand, hatte das Geld bitter nötig.

Der organisatorische Ablauf der Völkerschauen war immer ähnlich: Im Vorfeld verhandelte der Zoo mit den bald zahlreichen Anbietern die Eckdaten wie Dauer, Programm und Gewinnverteilung. In Absprache mit dem Anbieter errichtete man auf der Festmatte Häuser, Baracken und Hütten für die Menschen und Ställe für die Tiere. Diese Szenerie bildete die Kulisse für die Darbietung, während das Publikum auf dem umlaufenden Gehweg perfekte Einsicht in das Treiben in der Mitte hatte. Es bekam bei Vorführungen, die sich mehrmals täglich wiederholten, Inszenierungen von Kämpfen, religiösen Umzügen, Feierlichkeiten, dazu Tänze und musikalische Einlagen zu sehen. Ab den 1920er-Jahren konnten die Besucherinnen und Besucher die ‹Dörfer› sogar betreten und inmitten der Ausgestellten umhergehen.

Schaulust und Sensation

Schon 1879 versprach eine Zeitungsannonce ethnografische Informationen: «sämmtliche heimische Sitten und Gebräuche der Nubier, Tänze, Kriegs- und Jagdzüge». Die Betonung von Wissensvermittlung und pädagogischen Werten zog sich bis 1935 durch, sowohl in der Presse als auch vonseiten des Zoos. Dieser propagierte die Wissenschaftlichkeit der Schauen in Inseraten und gewährte Schulkindern ermässigten Eintritt. Staehelin sieht in solchen Inseraten dagegen in erster Linie Propaganda.

Auf der Festmatte, wo heute die Flamingos zu sehen sind, wurden bis 1935 Menschenausstellungen gezeigt. Beim hier abgebildeten «Senegaldorf» im Jahr 1926 durfte das Publikum die Szenerie sogar betreten.

Die Vorstellungen seien nicht auf eine tatsächliche Auseinandersetzung mit der Lebensweise der indigenen Menschen ausgelegt gewesen. Vielmehr hätten Schock, Ekel und sexuelle Stimulierung im Vordergrund gestanden: «Im Rahmen der ‹wissenschaftlichen› Völkerschauen war öffentlich zu sehen, was sonst schamvoll verhüllt war: nackte Beine, Oberkörper, Brüste.» Die Schauen mussten Einnahmen generieren, denn Anwerbung, Überfahrt und Unterbringung der Völkerschau-Truppe waren nicht billig. Staehelin zitiert einen Briefwechsel zwischen Zoodirektor Gottfried Hagmann und einem Völkerschau-Anbieter aus dem Jahr 1898, wo Hagmann in der Diskussion um den Titel einer Völkerschau schreibt: «Wie Sie den Zauber nennen, ob ‹Schuli-Krieger› oder ‹Krieger des Mahdi› ist uns ziemlich ‹Schnuppe›, wenn die Sache nur ein Bisschen sauber arrangirt ist, so dass es zieht, dann ist Alles recht.» Man solle ihm so schnell wie möglich Unterlagen schicken, damit er «frühzeitig mit dem Reklameschwindel» beginnen könne.

In ihrer ganzen Aufmachung waren die Völkerschauen gemäss Staehelin Ausdruck der damals geläufigen Rassentheorien, die Ausbeutung, Unterdrückung und Sklaverei legitimierten. Aus den Zeitungsberichten zu den Basler Völkerschauen wird klar ersichtlich, dass diese rassistischen Stereotype auch hier allgegenwärtig waren. Die ausgestellten Menschen wurden fast ausschliesslich negativ beschrieben, als «kindlich» oder «naiv», oft auch als «primitiv», «unreinlich» oder «faul» bezeichnet. Auch die Gleichstellung mit Tieren, vor allem mit Affen, ist eine Konstante, die sich durch die Berichterstattung zieht. 1922 liess der Zoo selbst in einer Pressemitteilung verlauten, die Ägypterinnen würden an der kühlen Basler Luft wie die «Affen» frieren und bei Sonnenschein die Hütten verlassen «wie die Ameisen ihren Bau».

Abnehmendes Publikumsinteresse

Zum Ende der Völkerschauen im Zoo Basel führten 1935 nicht ethische Bedenken oder öffentliche Kritik, sondern ein stetig schwindendes Publikumsinteresse. Gemäss Staehelin war das Publikum inzwischen wohl gelangweilt von den Vorstellungen, und andere Freizeitbeschäftigungen wie das Kino boten neue Erlebnisse. Zudem war der Zoo inzwischen nicht mehr auf die Einnahmen angewiesen.

Und so zogen zuerst Kraniche auf den Ausstellungsplatz auf der Festmatte und seit 1991 leben dort die koloniebrütenden Flamingos. 1960 pflanzte man übrigens Gebüschgruppen rund um die Festmatte, um den Vögeln «Deckung zu bieten», wie es in einem Jahresbericht des Zoos heisst. Deckung vor neugierigen Blicken: Etwas, das die ausgestellten Menschen damals nicht kannten.

Im Frühsommer 1898 zeigten die «Krieger des Mahdi» Kampfspiele und Tänze. Die vierzig Männer, Frauen und Kinder hatten zuvor in Zürich gastiert und machten danach an verschiedenen Orten in Deutschland Halt.

24 Augen auf!

Der Zoo als Bildungsort

Es gibt keine richtige oder falsche Art, durch den Zolli zu gehen. Aber es gibt unzählige Möglichkeiten, ihn etwas klüger zu verlassen. Der einfachste Weg braucht weder Vorwissen noch Planung: Tiere beobachten!

Unter den Erdmännchen im Etoscha gibt es wahre Meister des Observierens. Das fällt sofort auf, wenn man einen Moment lang bei ihrer Anlage stehenbleibt und das Geschehen beobachtet. Denn während sich die meisten Erdmännchen gierig über das Futter hermachen oder im sandigen Boden wühlen, hält sich ein Tier immer abseits der Gruppe auf. Hochkonzentriert steht es auf einem Steinblock an erhöhter Position, dort, wo die Sicht am besten ist. Den Körper aufrecht und die Arme angezogen, dreht es seinen Kopf alle paar Sekunden ruckartig in eine andere Richtung. Kopf nach links – Kopf nach schräg hinten – Kopf zum Himmel. Fast wird einem schwindelig ob der schnellen Kopfbewegungen. Und auch der eigene Kopf beginnt zu arbeiten: Was tut es da eigentlich? Was beobachtet es so angestrengt? Was ist so viel spannender als die Futterkiste mit den schmackhaften Insekten?

Zoos sind Bildungsorte

Als Leiterin der Abteilung Bildung und Naturschutz im Zolli freut sich Kathrin Rapp Schürmann, wenn bei den Besucherinnen und Besuchern solche Fragen aufkommen. «Wer fragt, will den eigenen Horizont erweitern, Zusammenhänge begreifen, das Wissen über die Umwelt vergrössern», sagt sie. Schon bei der Eröffnung 1874 steckte man sich das Ziel, den Garten «zu einem populären Unterrichtsorte in der Zoologie» zu machen. Heute gehört Bildung, zusammen mit Naturschutz, Forschung und Erholung, zu den vier Grundpfeilern des Zolli. «Der Zoo Basel vermittelt Wissen, indem er Tiere und ihre Lebensräume veranschaulicht und Neugierde weckt», heisst es im Leitbild.

Dabei geht es dem Zoo nicht nur um biologische Bildung, sondern um die Sensibilisierung des Publikums für dringende Umweltfragen. «Vielen Menschen ist nicht bewusst, dass auf der ganzen Welt Lebensräume verschwinden und Tierarten aussterben», sagt Kathrin Rapp Schürmann. «Hier setzen wir an, denn über unsere Tiere können wir die Menschen für die Tierwelt begeistern, auf ihre Bedrohung in der Natur aufmerksam machen und Informationen zu den schwindenden Lebensräumen geben.» Mit über einer Million Besucherinnen und Besuchern erreicht der Zoo Basel mit diesen Botschaften ein sehr grosses Publikum.

Erkenntnisse auf Schritt und Tritt

Dass bei einem Zoobesuch Fragen aufkommen, ist schön und gut – doch wie kommt man zu Antworten? Die niederschwelligste Art der Wissensvermittlung im Zoo ist unauffällig, fast könnte man sie übersehen. Und doch begegnet sie einem auf Schritt und Tritt in Form von Tierschildern und Informationstexten. So finden sich auf dem Tierschild der Erdmännchen im Etoscha-Haus auch erste Antworten auf die eingangs gestellten Fragen: «Jedes Erdmännchen übernimmt entsprechend seinen Fähigkeiten in der Gruppe bestimmte Aufgaben. Es gibt stillende Mütter, geschickte Jäger, aufmerksame Wächter, geduldige Babysitter und talentierte Lehrer», heisst es dort. «Diese Arbeitsteilung sichert das Überleben der Sippe.»

Schon ist die erste Erkenntnis gewonnen! Unser beobachtetes Erdmännchen ist ein Wächter. Doch wonach hält es Ausschau? Die Antwort gibt ein anderes Bildungsangebot, das heutzutage für fast jeden griffbereit ist: das Tierlexikon auf der Zolli-Homepage. Es ist auch im Etoscha bequem per Handy erreichbar. «Schlangen, Warane, Greifvögel» seien die Feinde der Erdmännchen, ist dort zu lesen – was zu Erkenntnis Nummer zwei führt: Unser Erdmännchen beobachtet seine Umwelt, um nach Fressfeinden Ausschau zu halten.

Spannendes aus erster Hand

Diese niederschwelligen Informationen sind im Zoo den Besucherinnen und Besuchern leicht zugänglich. Für alle, die mehr wissen wollen, stehen eine Reihe vertiefender Bildungsangebote zur Verfügung.

Das Thema Fressen und Gefressenwerden steht bei der Etoscha-Themenanlage im Fokus. Damit Letzteres nicht passiert, halten bei den Erdmännchen stets Wächter nach Fressfeinden Ausschau und geben – je nach Bedrohungslage – unterschiedliche Laute von sich.

So können interessierte Erwachsene an einem geführten Etoscha-Rundgang noch mehr über Erdmännchen erfahren. Etwa, warum der Blick der Wächter sehr oft zum Himmel geht. «In der Savanne, dem Lebensraum der Erdmännchen im südlichen Afrika, gibt es viele grosse Greifvögel», erklärt Mauro Bodio, der seit vielen Jahren Führungen durch den Zolli macht. «Die Furcht vor diesen Fressfeinden haben sie auch im Zoo nicht abgelegt. Wenn sie im Sommer auf der Aussenanlage stehen und ein Flugzeug am Himmel erblicken, oder wenn sich auf dem Etoscha-Dach die Silhouette eines Pfaus abzeichnet, dann werden sie sehr nervös.»

Auch die Bildung von Kindern und Jugendlichen hat einen hohen Stellenwert im Zoo Basel. Im Kinderzolli beispielsweise üben Kinder ab acht Jahren den respektvollen Umgang mit Tieren. Und für Primarschulen hat der Zoo in Zusammenarbeit mit Lehrpersonen Themenkisten ausgearbeitet, die im Klassenzimmer zum Einsatz kommen. In der Kiste ‹Tiere Afrikas› erfahren die Schülerinnen und Schüler etwa, dass die Erdmännchen zu den Fleischfressern gehören und dass sich in der Savanne Heuschrecken, Rosenkäfer, Echsen oder sogar kleine Vögel vor ihnen in Acht nehmen müssen. Trotz ihrer geringen Grösse sind Erdmännchen nämlich, wie Tiger und Löwen, Raubtiere.

Intime Blickkontakte

Dass es bei den Erdmännchen im Etoscha ums Fressen und Gefressenwerden geht, ist kein Zufall, denn Thema dieser Anlage ist der Nahrungskreislauf. Sie veranschaulicht, wie jedes Tier in seinem Lebensraum eine Funktion einnimmt. Stirbt eine Art aus, ist der Kreislauf gestört. Umso wichtiger also, dass die Erdmännchen-Wächter konzentriert nach Gefahren Ausschau halten. Dabei beobachten sie auch die Menschen genau. So kann es einem passieren, dass sich plötzlich ein stechend-schwarzes Wächteraugenpaar auf einen richtet. Zwei Sekunden dauert der unerwartet intime Blickkontakt, dann bewegen sich die schwarzen Augen weiter. Solche Begegnungen zeigen: Wer sich die Zeit nimmt, Tiere eingehend zu beobachten, kann wundersame Dinge erleben. Zum Beispiel, dass man plötzlich viel mehr wahrnimmt, wenn das Etoscha-Haus einmal still und leer ist. Dann bleibt Zeit, um die gut getarnten Grasmäuse in ihrem Terrarium zu finden oder die Spaltenschildkröte in ihrer schützenden Steinkluft zu entdecken. Oder zu merken, dass – kaum hat man den Blick kurz abgewendet – bei den Erdmännchen eine Wachablösung stattgefunden hat. Ein neuer Beobachter steht auf seinem Posten und schärft die Augen, während sich der bisherige eine wohlverdiente Futterpause gönnt.

Gegenseitiges Beobachten: Im Zoo Basel sind die Erdmännchen an Menschen gewöhnt und nehmen sie nicht mehr als Bedrohung wahr.

25 Von Wärtern und Tierpflegerinnen

Der Zoo Basel als Arbeitsort

Ob in der Betreuung der Tiere, in der Zooverwaltung oder in den Gastrobetrieben: Heute sind alle 240 Angestellten des Zoo Basel Fachpersonen auf ihrem Gebiet. Was sich seit 1874 ausserdem geändert hat: Frauen arbeiten heute nicht mehr nur im Vogelhaus.

Manchmal lohnt es sich, im Zoo kurz innezuhalten und ihnen bei der Arbeit zuzuschauen. Zu beobachten, wie sie Futter holen, es in der Anlage verteilen und wie sie die Kammern der Jungtiere reinigen. Hier ist nicht von den Angestellten des Zolli die Rede, sondern von den Honigbienen. Zu sehen sind sie überall im Zolli, aber am besten studieren lassen sie sich im verglasten Bienenstock im Etoscha. Dort bekommt man Einblick in ihre Organisation, die einem normalerweise verborgen bleibt. Die Insekten sind hochspezialisiert: Jede einzelne Biene übernimmt eine bestimmte Funktion im grossen Ganzen.

Im Gegensatz zu den Bienen waren die ersten Tierwärter im Zolli absolute Generalisten, vermutlich Handwerker oder Landwirte mit einem Flair für Tiere. Ein Blick ins Archiv zeigt, dass in den 1870er-Jahren lediglich zwei Gärtner und vier Wärter angestellt waren. Auf einem Gruppenbild von 1899 stehen neben Direktor Gottfried Hagmann bereits neun Herren mit Wärterhut, dazu ein Verwalter. In den 1930er-Jahren waren es rund zwanzig Tierwärter, in den 1960er-Jahren vierzig. Eine spezifische Ausbildung gab es auch damals noch nicht. Man liess sich das Fachwissen von den Kollegen mitgeben – oder erarbeitete es sich selbst.

Wo sind die Frauen?

Heute arbeiten im Zoo Basel etwa gleich viele Frauen wie Männer, wenn die Verwaltung mitgerechnet wird. Doch wie war das zu Anfangszeiten? Hier könnte das erwähnte Gruppenbild von 1899 einen Hinweis geben. Zwischen dem zweiten und dritten Mann in der hinteren Reihe blickt, mit einem Besen in der Hand, eine Frau frontal in die Kamera. Ob es sich dabei um eine frühe Wärterin handelt, ist heute nicht mehr auszumachen. Die erste offizielle Wärterin in den historischen Quellen ist ein gewisses «Frl. Joos». Auf einer Lohnliste von 1930 ist sie als einzige Frau unter achtzehn Männern aufgeführt. Über sie ist nichts Näheres bekannt, aber sie könnte zur Eröffnung des Vogelhauses 1927 eingestellt worden sein. Denn gemäss der ehemaligen Tierpflegerin Margrit Steiner setzte man Frauen früher nur bei den Vögeln und den Ponys ein. «Man traute den Wärterinnen damals nicht zu, mit grossen Säugetieren zu arbeiten», erinnert sie sich. Das war auch 1963 noch so, als Steiner mit 19 Jahren ihre Stelle im Zoo antrat. Wobei gerade Margrit Steiner bewies, dass auch Frauen grosse Tiere betreuen können: «Zuerst arbeitete ich bei den Bären und später bei den Nashörnern. Herr Waldner, der Hauptwärter, war begeisterter Schlosser, und er schlich in jeder freien Minute ab in die Schlosserei. Ich machte den Nashorndienst praktisch alleine.» Als dann eine Wärterin aus dem Vogelhaus den Zolli verliess, war jedoch Schluss mit den Ausnahmen. «Frauen arbeiten bei den Vögeln», sagte ihr damaliger Vorgesetzter, und so musste Steiner ins Vogelhaus wechseln, immerhin als Leiterin eines Dienstes. «Dass Männer entschieden, war damals halt der Zeitgeist.» Margrit Steiner aber «hatte es den Ärmel reingezogen», wie sie sagt. Sie blieb dem Vogelhaus vierzig Jahre lang treu, bis zu ihrer Pensionierung.

Der Direktor – ein tüchtiger Forstbeamter

Über die Jahre veränderte sich die Ausbildung der Wärterinnen und Wärter, und zwar in Richtung einer Professionalisierung des Berufs. Langjährige Tierpflegerinnen wie Margrit Steiner konnten ab 1985 in mehrtägigen Kursen ein Eidgenössisches Fähigkeitszeugnis erwerben. Seit 2001 existiert eine eigene dreijährige Lehre Tierpfleger/in EFZ. Jedoch ist nach wie vor eine handwerkliche Grundausbildung Voraussetzung für eine Stelle im Zoo Basel. Die meisten heutigen Tierpflegerinnen und Tierpfleger kamen als Schreiner, Malerin oder Elektriker in den Zoo und machten erst dann die Wildtierpflege-Ausbildung.

Übrigens: In den Anfangsjahren hatte man als Handwerker auch für das Direktorium gute Karten: «Einem tüchtigen Forstbeamten oder Landwirthe würde der Vorzug gegeben», hiess es in einem Stelleninserat von 1876. Inzwischen ist bei den Direktoren ein Hochschulabschluss in Zoologie oder Veterinärmedizin üblich. Olivier Pagan, der den Posten seit 2002 innehat, ist selbst Tierarzt und der achte Direktor seit 1874.

Wo auf dem Bild befindet sich die nahezu unsichtbare Zoo-Arbeiterin? Nur wer genau hinschaut, entdeckt die Frau mit dem Besenstiel in der Hand zwischen dem zweiten und dritten Herrn von links in der hinteren Reihe.

ZG

OPAL
CIGARETTES LAURENS
Breitling UHREN
MEMPHIS
UNIVERSAL
Idewe
CHAMPION
FILTER
Brachwitz
SWISS TOURI
CHANGE
114

WARTECKBIER
22
174

26 Vom Glück auf dem Elefantenrücken

Basel und die Liebe zu den Elefanten

Zolli und Elefanten – das gehört zusammen. Viele Baslerinnen und Basler werden nostalgisch, wenn sie an die fünf jungen ‹Elefäntli› denken, die in den 1950er-Jahren durch die Innenstadt spazierten. Ein Blick in die Geschichte der Basler Elefantenhaltung zeigt, wie grundlegend sie sich verändert hat.

Ein Zolli ohne Elefanten ist aus heutiger Sicht fast undenkbar. Zu schön ist es, den Tieren dabei zuzuschauen, wie sie mit weichen Bewegungen scheinbar lautlos über die Anlage schreiten. Trotz ihres immensen Gewichts von vier bis sechs Tonnen gehen die grössten Landsäugetiere der Erde nämlich auf Zehenspitzen. Ebenso fein wischen sie mit dem Rüssel Heubüschel zusammen – was umso faszinierender ist, wenn man bedenkt, dass derselbe Rüssel einen Löwenangriff abwehren könnte. Kinder jubeln laut, wenn ein Elefant einen Kothaufen fallen lässt oder seine mächtigen Ohren stellt. Die Bewunderung für die grauen Riesen hält an, seit der Zolli 1886 den ersten Elefanten bekam. Nur gerade zwölf Jahre nach seiner Eröffnung brachten die Basler Naturforscher Fritz und Paul Sarasin dem Zoo ‹Miss Kumbuk› von einer Forschungsreise in Ceylon (heute: Sri Lanka) als Geschenk mit. Gemeinsam mit einem Tapir wurde das Elefantenkalb in einem kleinen Stall einquartiert. 1891 baute man ihm zu Ehren das Elefantenhaus ‹im maurischen Stil›, einen grossen Kuppelbau, der zu den prachtvollsten Bauten in der Geschichte des Zoo Basel gehört. Dort lebte ‹Miss Kumbuk› in Nachbarschaft mit den Zebras, jedoch ohne weitere Artgenossen.

Beliebt – und gefährlich

‹Miss Kumbuk› war der erste Elefant, der in einem Schweizer Zoo zu sehen war, und die Menschen strömten in Scharen in den Zoo, um sie zu besuchen. Entsprechend gross war die Trauer, als ‹Miss Kumbuk› im Sommer 1917 im vergleichsweise jungen Alter von 31 Jahren starb, denn Elefanten können zwischen 50 und 60 Jahre alt werden. Für den Zoo Basel war ihr Tod ein herber Verlust, hatte der Garten doch während des Ersten Weltkriegs ohnehin mit finanziellen Schwierigkeiten und Tierverlusten zu kämpfen.

Das Elefantenreiten war ab den 1950er-Jahren bis Anfang der 1990er-Jahre eine Publikumsattraktion. Bis zu fünf Kinder konnten auf einem Elefanten Platz nehmen und eine Runde um die Festmatte reiten, wie das Bild aus den 1960er-Jahren zeigt.

Dank einer Geldsammlung des Basler Verkehrsvereins konnte der Zoo 1919 schliesslich wieder einen Elefanten beschaffen, ‹Miss Jenny›. Auch sie blieb ein Einzelexemplar und bekam nur kurzzeitig einen Artgenossen zur Seite gestellt, als der Tierhändler John Hagenbeck 1927 während einiger Monate einen Elefanten im Zoo Basel unterbrachte. Dieser habe sich «mit unserem alten Tier sehr gut vertragen», ist im Jahresbericht von 1927 zu lesen.

Weniger gut vertrug sich ‹Miss Jenny› allerdings mit ihren menschlichen Zeitgenossen. 1923 tötete sie erstmals einen Wärter, worauf man ihren Stall nur noch durch Falltüren separiert putzte und jegliche Dressurübungen mit ihr verbot. 1928 geschah das Unglück ein zweites Mal, als ein Tierwärter ihren kranken Fuss behandeln musste und von ihr in einem unaufmerksamen Moment am Gitter zu Tode gedrückt wurde. Die Zoodirektion entschied daraufhin, ‹Miss Jenny› zu töten.

Fünf ‹Elefäntli› in der Innenstadt

Ein einprägsames Kapitel Elefantengeschichte des Zoo Basel begann im Jahr 1952. Nachdem der Zoo bis dahin nur einen, höchstens zwei Elefanten gleichzeitig gehalten hatte, kamen in jenem Herbst gleich fünf junge ‹Elefäntli› in den Zolli. Man wollte erstmals eine Gruppe Afrikanischer Elefanten im Sozialverband mit einem Bullen zeigen. Der damalige Tierarzt und spätere Direktor Ernst Lang reiste höchstpersönlich nach Tanganjika (heute: Tansania), um von der berühmten ‹Big Game Ranch› des Grosswildjägers August Künzler fünf Jungtiere in die Schweiz zu holen. Eines davon war für den Zirkus Knie bestimmt, zu dem der Zolli enge Beziehungen pflegte. Der Transport der Tiere erfolgte per Schiff und Bahn, stets begleitet vom Ehepaar Lang. Ernst Lang erinnert sich: «Die Zeit der Meerreise wurde zur Zähmung und Dressur der Jungelefanten benützt, so dass in Basel vollständig zahme und ‹führige› Tiere eintrafen, die sechs Wochen vorher noch in der Freiheit gelebt hatten.»

In Basel wurden die jungen Elefanten mit Spannung erwartet und schon bei ihrer Ankunft am Bahnhof jubelnd begrüsst. Zu den vier für den Zolli bestimmten Tieren konnte man ein fünftes Jungtier aus Hamburg dazukaufen. Bald gehörte es zum Stadtbild, dass die fünf ‹Elefäntli› in Einerkolonne durch die Innenstadt spazierten und sich dabei mit dem Rüssel am Schwänzchen des vorangehenden Tieres festhielten. Wie ihr langjähriger Pfleger Werner Behrens im Buch ‹Elefantastisches› erzählt, waren die fünf Publikumslieblinge an Feierlichkeiten in der Stadt präsent oder bei Brückeneinweihungen zugegen. Sie traten 1954 bei der Einweihung des Stadions St. Jakob auf oder besuchten kranke Kinder im Kinderspital. Sie reisten auch in andere Städte, so etwa an eine grosse Landwirtschaftsausstellung in Luzern.

Als der frisch gewählte Basler Bundesrat Hans-Peter Tschudi 1959 aus Bern zurückkehrte, liess es sich der Zolli nicht nehmen, mit den fünf Elefanten für ihn Spalier zu stehen. Einmal pro Monat marschierten die fünf Dickhäuter vom Zolli in die Basler Markthalle zum Wägen, wo sie von den Frucht- und Gemüsehändlern jeweils freudig begrüsst und stets reich beschenkt wurden. Unvergessen sind auch die wöchentlichen Ausflüge in den Allschwiler Wald. Dort konnten sich die Tiere austoben und rutschten auf dem Bauch die lehmigen Böschungen hinunter.

Die Kinder standen Schlange

Für das Zoopublikum besonders schön war das Elefantenreiten, das 1953 seinen Anfang nahm. Von Frühling bis Herbst standen die Tiere täglich um 14.30 Uhr bei der Festmatte parat und liessen Kinder und Erwachsene für einen Franken auf ihrem Rücken reiten. «Mit einem Treppchen halfen wir den Kindern auf der einen Seite hoch und nach einer Runde um die Festmatte nahmen wir sie auf der anderen Seite wieder runter», erinnert sich der langjährige Elefantenpfleger Peter Wenger. «Es konnten vier, manchmal auch fünf Kinder auf einem Elefanten sitzen. Es war das Highlight schlechthin! Die Leute standen jeden Tag Schlange.» Nicht weniger beliebt waren die täglichen Dressurvorführungen der Elefanten in der Arena. Unter der Leitung ihres Hauptpflegers Werner Behrens vollführten sie Kunststücke auf dem Elefantenpodest, hoben ihre Pfleger mit dem Rüssel in die Höhe oder erzeugten Töne mit einer im Rüssel eingeklemmten Mundharmonika, wie in ‹Elefantastisches› zu lesen ist. Die Arena fasste rund tausend Personen und war oft bis auf den letzten Platz besetzt.

Einmal pro Woche durften sich die Zolli-Elefanten in den 1950er- und 1960er-Jahren im Allschwiler Wald austoben.

Die Tiere, besonders die Elefantenbullen, wurden im Garten gerne auch für schwere Arbeiten eingesetzt. Bis in die 1960er-Jahre zogen sie den Schneepflug und halfen den Gärtnern beim Heben grosser Baumstämme. Die Elefantenkühe unterstützten ihre Pfleger dabei, den Mistwagen über die Anlage zu schieben. Ihr damaliger Pfleger Thomas Ruby erinnert sich, wie er ‹Heri› und ‹Malayka› in ihrem Eifer bremsen musste: «Ich war noch am Mist zusammennehmen, und schon war der Wagen weg!»

Der Weg zum geschützten Kontakt

Dass die Pfleger aus nächster Nähe mit den Elefanten zusammenarbeiteten, war damals selbstverständlich. Die Haltung basierte darauf, dass der Pfleger im Rang höhergestellt war als das Tier. Mit täglichen Dressurübungen erzog man die Elefanten zum Gehorsam und überprüfte die Rangordnung. Diese hierarchische Beziehung erlaubte es den Pflegern, den direkten Kontakt mit einigermassen kalkulierbarem Risiko zu handhaben. Innerhalb ihrer sozialen Gruppe hatten die Elefanten jedoch kaum je Gelegenheit, ungestört zu sein und unter sich eine Rangordnung auszumachen.

Von dieser Art der Haltung hat sich der Zoo Basel über die Jahre Schritt für Schritt verabschiedet. 2017 hat er mit Tembea eine Elefantenanlage gebaut, die den Elefanten ein ungestörtes Sozialleben ermöglicht. Der Mensch steht nicht mehr in direktem Kontakt mit den Tieren und tritt nur noch durch eine Abschrankung an sie heran. Das Training, das die Pflegerinnen und Pfleger heute mit ihnen absolvieren, hat einen rein medizinischen Zweck. Sie üben mit jedem Elefanten einzeln, dass er ihnen jedes Körperteil zeigt oder durchs Gitter herausstreckt – etwa einen Fuss, ein Ohr oder den Rüssel –, um daran im Ernstfall eine medizinische Untersuchung vornehmen zu können. Das Training ist freiwillig und die Elefanten können mitmachen, müssen aber nicht. «Zugegeben, ich war zu Beginn skeptisch, ob das funktioniert», sagt Hauptpfleger Martin Burri, der seit über zwanzig Jahren mit Elefanten arbeitet und die frühere Art der Haltung verinnerlicht hatte. «Wenn ich jedoch sehe, wie motiviert die Elefanten mitmachen und wie ruhig und entspannt sie seit der Umstellung geworden sind, muss ich sagen: Das war der beste Schritt, den wir machen konnten.»

Ist der Zoo Basel für Grosstiere geeignet?

«Bei grossen Tieren wie Elefanten werden wir oft gefragt, ob sie in dem vergleichsweise kleinen Zoo genügend Platz hätten. Und ob ein Stadtzoo nicht besser auf ihre Haltung verzichten würde. Wir sind darum besorgt, unseren Grosstieren auf der begrenzten Fläche all das zu bieten, was sie zum Leben brauchen. Sie finden genügend Nahrung, haben Zugang zu Wasser, sie leben – wo es ihrer Art entspricht – in Gruppen, sie können sich zurückziehen und sind vor Feinden geschützt. Sie finden einen gut eingerichteten Lebensraum, der die meisten ihrer Bedürfnisse abdeckt. Würde man Elefanten in der Natur all dies an einem Ort bieten, würden sie vermutlich nicht so weit wandern. Sie tun dies in der Natur nur, weil sie müssen.

Entscheidend für das Wohlergehen der Tiere ist nicht die Fläche, auf der sie leben, sondern dass diese gut ausgerüstet und strukturiert ist. Bei der Ausrüstung der Anlagen stützen wir uns auf Erkenntnisse der Veterinärmedizin, der Zoologie und der Verhaltensforschung. Wir entscheiden auf wissenschaftlicher Grundlage, was zum Wohl der Tiere beiträgt. Auf der Elefantenanlage haben wir über 120 Futterstellen geschaffen, wo die Tiere spielerisch und zu unterschiedlichen Zeiten an ihr Fressen kommen. Das führt dazu, dass sie jeden Tag um die zwanzig Kilometer zurücklegen. Damit haben wir das natürliche Bewegungsbedürfnis der Tiere auf die Situation im Zoo übersetzt und nutzen sogar den gleichen Auslöser für die Bewegung wie in der Natur, nämlich das Futter.

Wichtig ist zudem, dass Elefanten im Sozialverband leben können, was auch auf der begrenzten Fläche möglich ist. Die Elefantenanlage Tembea ist so strukturiert, dass die Tiere zu jeder Zeit zusammen sein und sich miteinander beschäftigen können. Der Mensch bleibt in dieser Art der Haltung aussen vor, um die Dynamik in der Gruppe nicht zu stören. Genauso verhält es sich bei der Haltung der anderen Tiere, die im Zoo Basel in sozialen Gruppen leben.

Wir möchten unserem Publikum weiterhin die Gelegenheit bieten, grossen Tieren in echt begegnen zu können. Gerade in der Stadt, wo die Natur nicht mehr zum Lebensalltag der Menschen gehört, sollen sie im Zoo mit ihr in Berührung kommen. Grosse, charismatische Tiere wie Elefanten, Menschenaffen oder Löwen üben eine grosse Faszination aus und haben das Potenzial, im Menschen die Begeisterung für die Natur zu wecken.»

Heidi Rodel, Vizedirektorin Zoo Basel

Afrikanische Elefanten wandern in der Natur bis zu fünfzehn Kilometer pro Tag.

27

Wenn Tiere sterben

Abschied, Tod und Trauer im Zoo

Auch wenn er selten präsent ist, ist der Tod Teil des Lebens im Zoo. Er zeigt sich, wenn Tiere alt und krank sind. Aber nicht nur – denn anders als in der Natur müssen im Zoo Menschen den Tierbestand regulieren und Tiere töten. Eine Annäherung an ein vielschichtiges Thema.

Anfang Januar 2018 brach ‹Malayka› auf der Tembea-Anlage zusammen. Die 47-jährige Elefantenkuh litt an Gelenkproblemen und war in den Monaten zuvor immer wieder gestürzt. Meistens schaffte sie es alleine wieder auf die Beine, ein paar Mal half gar die Basler Berufsfeuerwehr, sie mit Seilzügen wieder aufzustellen. Oft eilten ihr auch die Elefantenkühe ‹Heri› und ‹Rosy› zu Hilfe. Doch dieses Mal blieb sie liegen, und auch die Versuche von ‹Heri› und ‹Rosy›, sie wieder aufzurichten, blieben erfolglos. ‹Malayka› wollte nicht mehr und lag im Sterben, was auch ihre Artgenossen merkten. «Eine um die andere ging zu ihr hin und berührte sie mit dem Rüssel», erinnert sich Adrian Baumeyer, damals Kurator der Elefanten. «Etwa eine Stunde lang wechselten sich die Herdenmitglieder mit ihren Besuchen ab. ‹Heri›, die Matriarchin, stellte sich sogar schützend über sie. Dann kam irgendwann keiner der Elefanten mehr zu ‹Malayka›, und sie lag alleine auf der Anlage.» Gemeinsam mit dem herbeigerufenen Zoodirektor, dem Tierärzte-Team, den Tierpflegern und dem Kurator wurde entschieden, ‹Malayka› einzuschläfern. «Sie wartete auf den Tod und hatte offensichtlich Schmerzen», sagt Baumeyer. «In diesem Fall war die Situation für uns alle klar.»

Sterben – und töten

In der Natur läuft der Tod selten so harmonisch ab. Dort reisst beispielsweise ein Rudel Wildhunde eine Gazelle und beginnt manchmal zu fressen, noch bevor die Beute tot ist. Schimpansen beissen Artgenossen in Revierkämpfen zu Tode oder ein altersschwacher Elefant verhungert, weil seine Zähne so abgenutzt sind, dass er die Nahrung nicht mehr zermahlen kann. Zootieren bleiben solche Leiden bei ihren letzten Atemzügen erspart. Die Hälfte der Tiere stirbt aufgrund des Alters oder einer Erkrankung, die nicht bemerkt wurde. Die andere Hälfte wird vom Tierarzt oder der Tierärztin eingeschläfert. Dies tritt zum Beispiel ein, wenn ein Tier schwer krank ist und offensichtlich leidet. Oder wenn, wie bei ‹Malayka›, der Tod kurz bevorsteht. «Anders als ein Humanmediziner, der nicht töten darf, ist es für uns Tierärzte die oberste Maxime, dass wir einem Tier Leid ersparen», sagt Zoodirektor Olivier Pagan, der selbst Tierarzt ist. «Das kann unter gewissen Umständen heissen, dass man ein Tier einschläfern muss.»

Im Zoo Basel entscheidet nie eine Person allein über den Tod eines Tieres. Wenn es krank ist, besprechen die Pflegerinnen und Pfleger mit dem Tierärzte-Team und der Kuratorin oder dem Kurator, wie dem Tier am besten geholfen werden kann. «Manchmal entscheidet man sich bewusst dagegen, alle medizinischen Möglichkeiten auszuschöpfen», sagt Tierärztin Fabia Wyss. «Wenn bei einem Geparden die Nieren versagen, wäre es technisch möglich, eine Dialyse durchzuführen. Aber tägliche Spritzen und Behandlungen wären ein so grosser Eingriff in das Leben eines Wildtiers, dass es im Sinne des Tierwohls besser ist, es einzuschläfern.»

Fabia Wyss' Kollege Christian Wenker ergänzt, dass man im Zoo ganz im Sinne des Tiers entscheiden kann. «Ich denke, wir sind im Zoo besser dran als in der Heimtiermedizin, wo man Tumorbestrahlungen und Chemotherapien durchführt. Ich verstehe solche Behandlungen aus emotionaler Perspektive. Aber aus ethischer Sicht denke ich, dass es in manchen Fällen besser wäre für das Tier, es einzuschläfern und auf lebensverlängernde Massnahmen zu verzichten, die mit Leiden verbunden sind.»

Schwierige Entscheidungen

Manchmal stellt sich in einem Zoo allerdings auch bei gesunden Tieren die Frage nach dem Tod. In der Wildbahn überleben viele Tiere das erste Jahr nicht, und bei den Überlebenden sterben nochmals viele, wenn sie das Erwachsenenalter erreichen und ihre Eltern, Familien oder Gruppen verlassen müssen. Diese Regulation gibt es im Zoo nicht, die Überlebensrate von Tieren ist bis ins hohe Alter sehr gut. Das stellt Zoos aber vor Probleme, denn der Platz ist beschränkt.

Sie kommen deshalb nicht darum herum, auch gesunde Tiere zu töten. In manchen Fällen sind es alte Tiere, die nicht mehr fortpflanzungsfähig sind, in anderen Fällen sind es junge Tiere, die erwachsen werden und die Gruppe verlassen müssen. Solche Überlegungen und Entscheide heissen im Zoo-Jargon ‹Populationsmanagement›.

Wie in der Natur gehört der Tod auch im Zoo dazu. Wenn grosse, charismatische Tiere wie Elefanten sterben, bewegt das nicht nur die Zoo-Mitarbeitenden, sondern auch die Öffentlichkeit.

Auch hier diskutieren Kuratorinnen, Tierärzte und andere Fachpersonen wie etwa die Koordinatorin des zuständigen Erhaltungszuchtprogramms zuerst verschiedene Möglichkeiten – etwa die Platzierung in einem anderen Zoo. «Wenn man Tiere züchtet, muss man den Nachwuchs irgendwo unterbringen», sagt Zoodirektor Pagan. «Wenn man keinen guten Platz findet, weil die anderen Zoos voll und die natürlichen Lebensräume beschränkt sind, bleibt einem nichts anderes übrig, als die Tiere zu töten.» Dieses Bestandsmanagement findet auch in den grossen Nationalparks statt.

Obwohl solche Entscheidungen in einem grossen Team und nach Abwägung vieler Alternativen gefällt werden: Einfach fallen sie niemandem. Denn Tierpflegerinnen, Zootierärzte und Kuratorinnen verbringen viel Zeit mit den Tieren, sie bauen eine emotionale Bindung zu ihnen auf und kennen einzelne Tiere schon ihr ganzes Arbeitsleben lang. Dass unter diesen Umständen ein Abschied nicht einfach ist, zeigte sich bei ‹Malaykas› Tod. «Bei allen Beteiligten flossen Tränen», erinnert sich Tierarzt Christian Wenker. «Wir hatten sie so lange betreut. So eine Persönlichkeit zu töten, das geht einem schon sehr nah.»

Abschiedsrituale bei Tieren

Doch wie sieht es bei den Tieren aus – trauern auch sie um ihre Gruppenmitglieder? Adrian Baumeyer geht davon aus, dass die eingangs geschilderten Rüsselberührungen an der sterbenden ‹Malayka› ein Abschiedsritual waren. Fabia Wyss und Christian Wenker haben auch schon bei anderen Tieren ähnliche Rituale erlebt. Sie erzählen von Schimpansenmüttern, die nach einer Totgeburt noch tagelang mit ihrem Jungtier im Arm herumliefen. Von Gorillas, die während Stunden im Kreis um ein totes Tier herumstanden. Oder von Schwänen und Gänsen, die nach dem Tod ihres jahrelangen Brutpartners einige Tage lang nicht frassen.

Was geht in diesen Tieren vor? «Wir können nur beobachten, was abläuft – alles andere ist Interpretation», sagt Christian Wenker. «Gerade bei Tieren, die in sozialen Gruppen leben, habe ich das Gefühl, eine Form von Trauer zu erkennen. Aber was davon sind menschliche Konzepte, die man auf die Tiere projiziert? Man stösst bei diesem Thema schnell an Grenzen.»

Und danach?

Mit der Trauer ist das Thema Tod im Zoo noch nicht abgeschlossen. Alle Tiere, die hier sterben – «vom Fisch bis zum Elefanten», wie Wenker sagt –, werden nach dem Tod noch untersucht. «Wir wollen genau wissen, woran sie gestorben sind und ob sie an Krankheiten litten, die wir nicht bemerkt haben.» So könne man entsprechende Massnahmen im Sinne der Krankheitsvorbeugung ergreifen.

Wenn das Tier mit Medikamenten eingeschläfert wurde, geht sein Kadaver zu einer Tierverwertungsanlage im Berner Seeland. So war es auch bei ‹Malaykas› vier Tonnen schwerem Elefantenkörper. Er musste zuerst mit einem Feuerwehrkran aus der Anlage geborgen werden, ehe er per Lastwagen abtransportiert werden konnte. Die Stosszähne vermachte der Zoo dem Naturmuseum Solothurn. Andere Museen erhalten bei Bedarf ganze Tiere, um sie wissenschaftlich präparieren und ausstellen zu können.

Manche Tiere wie Zwergziegen, Mufflons oder Zebras werden auch geschlachtet und in Ganzkörper-Fütterungen dem zoointernen Nahrungskreislauf zugeführt. Für Raubtiere wie Löwen oder Geparden ist das Zerlegen eines toten Tieres eine wichtige Form von Beschäftigung. Sehnen, Knochen und Fell enthalten zudem wichtige Nähr- und Ballaststoffe, die vom Metzger präparierten Fleischstücken fehlt. Die Besucherinnen und Besucher können bei den Ganzkörper-Fütterungen, die stets während der Öffnungszeiten stattfinden, den Nahrungskreislauf aus nächster Nähe nachvollziehen. Und einen jener Momente erleben, in denen der Tod im Zoo in Erscheinung tritt.

Als ‹Malayka› nach mehreren Stürzen nicht mehr aufstand, kam ein Herdenmitglied nach dem anderen zur sterbenden Elefantenkuh und betastete sie mit dem Rüssel. Dieses Verhalten wurde bei Elefanten schon häufig beobachtet und wird als Abschiedsritual interpretiert.

MAN

Darf man Zootiere töten?

«Als wissenschaftlich geführter Zoo ist Naturschutz neben Erholung, Forschung und Bildung einer der vier Grundpfeiler des Zoo Basel. Artenschutz hat unter anderem zum Ziel, eine physisch und psychisch gesunde Zootierpopulation zu erhalten. Dazu gehört die Zucht von genetisch möglichst vielfältigem Nachwuchs, was bei stark gefährdeten Arten umso wichtiger ist. Gleichzeitig überleben aber fast alle Jungtiere im Zoo und Zootiere werden immer älter. Das ist ein gutes Zeichen: Es legt nahe, dass unsere Tiere medizinisch gut versorgt sind, genug Futter haben, ein erfülltes Sozialleben geniessen und keinen Feinden ausgesetzt sind. Dieser Umstand stellt uns aber auch vor Herausforderungen: Viele Tiere pflanzen sich ab einem gewissen Alter nicht mehr fort. Das führt zu einer Überalterung des Tierbestandes und der Nachwuchs bleibt aus. Das kann mit der Zeit zum Aussterben der Zootierpopulation führen. Und bei Tierarten, die in der Wildbahn vom Aussterben bedroht sind, kann es zur Auslöschung der gesamten Art führen.

Wir müssen verhindern, dass so eine Situation eintritt, denn sie ist nicht in unserem Sinne und entspricht nicht unseren Werten. Eine solche Situation käme auch in der Natur nicht vor – Überalterung gibt es bei Tieren nur in Menschenobhut. Deshalb ist es Teil unserer Verantwortung, Entscheide im Sinne unserer Zootiere zu treffen. Das kann bedeuten, dass ein gesundes älteres Tier, das sich nicht mehr fortpflanzt, oder auch ein Jungtier, für das kein Platz gefunden werden kann, eingeschläfert wird.

Wenn man mit der Haltung von Zootieren einverstanden ist und wenn man unsere Rolle im weltweiten Natur- und Artenschutz anerkennt, dann muss man auch gutheissen, dass wir Verantwortung für diesen Tierbestand wahrnehmen. Platz ist in Zoos ein knappes Gut, genau wie in den schrumpfenden natürlichen Lebensräumen. Und wenn wir die Anzahl unserer Tiere nicht regulieren dürfen, müssten wir folglich auch die Zucht unterbinden. Um ihre Aufgabe im Artenschutz zu erfüllen, muss eine Zootierpopulation im weltweiten Zoonetzwerk aber fortpflanzungsfähig bleiben. Das bedeutet, dass möglichst viele Tiere die Gelegenheit haben müssen, Nachwuchs zu bekommen und diesen grosszuziehen.

Aus all diesen Gründen ist auch das Töten gesunder Zootiere die Voraussetzung dafür, dass wir gesunde Tierbestände mit einer hohen genetischen Vielfalt erhalten und die Ziele des globalen Artenschutzes erreichen können.»

Olivier Pagan, Direktor Zoo Basel

Trauriger Moment: Die Tembea-Anlage nach dem Tod von Elefantenbulle ‹Tusker›, der im August 2023 wegen Tuberkulose eingeschläfert werden musste.

28 Zu Tisch Überraschendes aus dem Zoorestaurant

Platz sichern, Serviertablett füllen und ein Schnipo vertilgen: Ein Besuch im Zoorestaurant gehört seit 1874 dazu. Die Gastronomie des Zoo Basel hatte aber immer schon mehr zu bieten als Zolli-Würstli und Pommes frites. Zeitweise kamen sogar tierische Gäste.

Das Zolli-Restaurant kann mit Hochbetrieb umgehen. Zur Mittagszeit oder an Ferienwochenenden wollen unzählige kleine und grosse Gäste verpflegt werden, am besten möglichst schnell – schliesslich ist man nicht wegen dem Essen im Zolli. Dass die Besucherinnen und Besucher Schnipo, Zolli-Würstli & Co. in Selbstbedienung zu ihren Tischen tragen, ist eine jüngere Erscheinung. Bei der Eröffnung des Restaurants im Jahr 1874 standen ambitionierte gastronomische Ziele im Vordergrund. Die Wirtschaft, hiess es im ersten Jahresbericht des Zoos, müsse «mit dem Besten, was dato in Basel existirt, mindestens concurriren».

Das heutige Selbstbedienungsrestaurant ist ein Teil der Gastronomie, die mit dem bedienten Restaurant ‹Elefantenblick›, zwei Cafeterias, einem Pavillon, einem mobilen Foodtruck und einem Glace-Velo die unterschiedlichsten Geschmäcker anspricht. Und an den über hundert Events, die neben dem Alltagsbetrieb stattfinden, serviert das Restaurantteam auch gerne mal einer dreihundertköpfigen Hochzeitsgesellschaft einen Fünf- oder Sechsgänger.

Wenn früher Pinguine zwischen den Restauranttischen umherliefen, feierte sehr wahrscheinlich der Freundeverein des Zoo Basel seinen ‹Freundetag›. Die Tiervorführungen waren in den 1960er-Jahren ein fester Programmpunkt.

Auf Hirsch folgt Flügel

Die ursprüngliche Wirtschaft von 1874 war ein rustikaler, mit Hirschgeweihen verzierter Riegelbau. Dieser wurde 1935 durch das heutige Restaurant ersetzt, entworfen von Heinrich Flügel, dem Architekten des acht Jahre zuvor eröffneten Vogelhauses.

Die erfolgreiche Wirtin

Seit 1984 betreibt der Zolli das Restaurant selbst, davor wurde es in Pacht gegeben. Die erfolgreichste Betreiberin in den Anfangsjahrzehnten war Rosalie Krebs. Sie hatte die Pacht von ihrem Vater übernommen und verköstigte das Zoopublikum von 1885 bis 1909 während 24 Jahren.

Ein Elefant im Saal

Als krönenden Abschluss seiner ‹Freundetage› zeigte der Freundeverein des Zoo Basel in den 1950er-Jahren jeweils Tiervorführungen im Restaurant. Auf Fotografien ist zu sehen, wie der Kaiserpinguin ‹Alfred› oder der junge Elefantenbulle ‹Omari› die Gäste begeistern.

Von der Hand in den Mund

Seit 1954 gibt es das ‹Zolli-Cornet›. Rund 45 000 Cornets werden pro Jahr verkauft – wobei der Verzehr schneller vonstatten gehen dürfte als die Produktion: Das Cornet abfüllen, mit Schokolade überziehen und in Folie einpacken geschieht bei den Münchensteiner ‹Gelati Gasparini› bis heute in Handarbeit.

Willkommen im Tablett-Zeitalter

1978 hielt die Selbstbedienung im Restaurant Einzug und wurde vom Publikum gut aufgenommen – wohl auch, weil das von der Bachlettenstrasse her zugängliche, bediente ‹Stadt-Restaurant› bestehen blieb. Die Cafeteria beim Eingang funktionierte bereits seit ihrer Eröffnung im Jahr 1966 nach diesem Prinzip.

Vielseitige Belegschaft

Mit 56 Mitarbeitenden und ca. 20 Saisonaushilfen ist das Restaurant der zweitgrösste Personalposten im Zolli nach den rund 80 Tierpflegerinnen und Tierpflegern. Wer in der Küche arbeitet, muss vielseitig sein: Neben dem Alltagsbetrieb gehören für Apéros und Bankette auch Köstlichkeiten aus der Patisserie zum Repertoire, und manchmal finden Galadinner für viele hundert Gäste statt.

Die beliebtesten Menüs

Das Schweinsschnitzel gewinnt regelmässig den Preis für die beliebteste Mahlzeit im Zolli: 78 000 Schnitzel werden jährlich bestellt, dazu 50 Tonnen Pommes frites. Auf weiteren Spitzenplätzen liegen die 47 000 Kalbsbratwürste und die 13 200 Zolli-Würste, die jährlich über die Theke gehen.

Vegetarisches Wettessen

Etwa 93,5 Tonnen Früchte und Gemüse essen die vielen tausend Restaurantgäste im Jahr. Dafür hätten die benachbarten Elefanten nur ein leises Lächeln übrig: Sie verzehren zu viert jährlich mehr als das Doppelte, nämlich rund 230 Tonnen pflanzliches Futter.

Alles kommt von hier!

Nachhaltigkeit spielt im Restaurant eine wichtige Rolle, weshalb heute alle Zutaten aus der Schweiz kommen. Fisch steht nur noch einmal pro Woche auf dem Menüplan, und Meeresfrüchte sind dort gar nicht mehr zu finden.

Bis 1978 war der Hauptsaal im Parterre des Zoorestaurants bedient – danach führte der Zoo die Selbstbedienung ein.

29
Zum Ersten, zum Zweiten, zum Dritten
Wie der Zolli zu Geld kommt

Der Betrieb des Zoo Basel kostet jährlich rund 27 Millionen Franken. Für deren Deckung sorgen, neben den Eigeneinnahmen, seit 150 Jahren spendierfreudige Menschen, wohltätige Familien – und einst auch Tierverlosungen.

Vis-à-vis dem Restaurant, wo heute Kinder auf verwitterten Baumstämmen herumturnen, stand bis 1962 der Musikpavillon, in dem Konzerte, Versteigerungen und Verlosungen abgehalten wurden. In den ersten Jahren nach seiner Eröffnung 1874 war der Zoologische Garten Basel finanziell nämlich alles andere als auf Rosen gebettet. Man lockte das Publikum deshalb mit Veranstaltungen in den Garten. So winkten bei einer Tombola im Jahr 1879 zwei junge Bären als Hauptpreis, drei Jahre später waren zwei Damhirsche zu gewinnen, und 1891 verhalf einem das Siegerlos zu einem Pony! Ob tatsächlich jemand die Tiere mit nach Hause nahm oder lieber auf das Angebot des Zoos einging, sie gegen Geld einzutauschen, ist nicht überliefert.

Heute erbringen die Einkünfte aus dem Laden, aus der Gastronomie, aus Eintritten und Jahresabos rund 85 Prozent des jährlichen Aufwands von rund 27 Millionen Franken. Die restlichen 15 Prozent werden zum kleineren Teil durch Beiträge der beiden Basler Kantone und einiger Gemeinden gedeckt, zum weitaus grösseren Teil aber durch private Zuwendungen: jährlich sechs bis acht Millionen Franken an Geldgeschenken, Nachlässen und Zuwendungen von Spenderinnen und Spendern sowie Unternehmen. Die Existenz des Zolli wird also durch die Grosszügigkeit der Menschen, Firmen und Institutionen in der Region gesichert! Was sich hinter den Budgetzahlen sonst noch verbirgt, zeigen die folgenden Geschichten.

Rund um den Musikpavillon gegenüber dem Restaurant drängte sich bei Veranstaltungen jeweils viel Publikum, wie hier um 1900 bei einer Tierverlosung.

Eine seltene Aktie

Der Zoo Basel ist eine Aktiengesellschaft mit genau 1700 Aktien. 250 Franken kostete eine bei der Gründung der AG im Jahr 1873. Heute werden über 10 000 Franken dafür bezahlt, denn die Aktie ist ein beliebtes Sammlerstück – auch wenn sie weder Rendite noch Dividende abwirft. Stattdessen bekommen ihre Besitzerinnen und Besitzer jährlich ein Zolli-Abo geschenkt.

Einem geschenkten Bernhardiner …

In den Anfangsjahrzehnten vergrösserte der Zoo seinen Tierbestand vorwiegend durch Tierspenden. Das summierte sich zwischen 1874 und 1900 auf rund 2700 Tiere, darunter ein junger Alligator (1880), fünfzehn Meerschweinchen (1883), ein asiatischer Elefant (1886), ein Paar Nasenbären (1888) und ein Bernhardinerhund (1892).

Ganzjähriger Jahrmarkt

Wegen ausbleibender Besucherströme versuchte man in den Anfangsjahren, das Publikum mit allerlei Sensationen in den Zoo zu holen. 1881 etwa stemmten zwei Gladiatoren Gewichte von bis zu 270 Kilogramm, 1888 konnte ein 25 Meter langes «Walfischskelett» bestaunt werden, und 1893 lockte als «grösste Sensation der Jetztzeit» eine 250 Meter lange «Alpen-Bahn» wohl vorwiegend jüngere Gäste in den Zoo.

Grosszügige Nachlässe

Im Jahr 1901 hinterliess der Basler Johannes Beck dem Zoo Basel 750 000 Franken, inflationsbereinigt wären das heute rund zehn Millionen Franken. Damit stand der Zoo finanziell erstmals auf gesichertem Boden. Gemäss Becks testamentarischem Wunsch feiert der Zolli jedes Jahr am 24. Juni den ‹Johannes Beck-Tag› mit längeren Öffnungszeiten, Gratiseintritt ab 16 Uhr und Musik. Seither haben zahlreiche grosszügige Menschen dem Zoo Basel ihren Nachlass vermacht und damit Betrieb und Ausbau des Gartens ermöglicht.

Massenweise Publikum

Von 1874 bis 2022 haben rund 92 Millionen Menschen den Zoo Basel besucht. Während die Anfangsjahre harzig waren, wurden bereits im Jahr 1891 rund 100 000 Eintritte verkauft. Der bisherige Rekord liegt bei 1,2 Millionen Besucherinnen und Besuchern in den Jahren 2022 und 2023. Die Eintritte machen heute rund einen Drittel der Gesamteinnahmen aus. Im Vergleich zu anderen – auch ausländischen – Tiergärten ist der Zoo Basel sehr günstig. Das ist ein bewusster Entscheid, denn der Zoobesuch soll allen Menschen offenstehen.

Fliegende Geparden

Gleich drei Firmen erkannten 1965 den Werbeeffekt von Tiergeschenken: Die Migros Basel schenkte dem Zolli den Nashornbullen ‹Arjun› und ihren Kundinnen und Kunden am Tag der Übergabe einen Gratiseintritt. Im selben Jahr stiftete die Air France einen Geparden mit dem sinnigen Namen ‹Concorde›. Und von der Schuhfabrik Bally kam – wie könnte es anders sein? – ein Schuhschnabel (ein Verwandter des Pelikans), der jedoch namenlos blieb.

Wohltätiges Basel

Vom bekannten Basler Mäzenatentum profitiert auch der Zolli. Weder der Normalbetrieb noch der Bau neuer Anlagen wären ohne die Zuwendungen Basler Familien, Firmen und Stiftungen möglich. Sie finanzieren den Zoo Jahr für Jahr via Spenden mit. Beispiele jüngeren Datums sind die fünf Millionen Franken aus ungenannter Quelle, die 2020 das Corona-Defizit deckten, oder die ebenfalls anonymen achtzehn Millionen Franken, die 2011 den Umbau des Restaurants bezahlten.

Günstig und gut

Rund 30 000 Zolli-Begeisterte besitzen heute ein Zoo-Basel-Jahresabo. Bei der Eröffnung 1874 kostete die Jahreskarte 30 Franken. Was auf den ersten Blick günstig aussieht, wächst inflationsbereinigt auf stolze 320 Franken an – mehr als dreimal so teuer als heute.

ZOOLOGISCHER GARTEN. BASEL.
Samstag, den 20. August und Montag, den 22. August,
je Abends von 7–10 Uhr, und
Sonntag, den 21. August, Abends von 4–6 Uhr und Abends von 7–10 Uhr:
Concerte
des Basler Musikvereines.
In den Zwischenpausen: H 3144 Q
Auftreten der zwei berühmten Gladiatoren
Robert & William Silfort.
Klassisch-athletische Produktionen.
Die grössten Leistungen in Athletik, Acrobatik und Equilibristik.
Kraftübungen mit Tonnen von 150 Pfund, 300 Pfund und 600 Pfund Gewicht.
Es ist dem Publikum gestattet, auf die Bühne zu treten, um sich von dem Gewichte der Tonnen zu überzeugen.
Die Bühne befindet sich vor dem Musikpavillon und ist Abends brillant beleuchtet.
Eintrittspreis 50 Cts. Kinder 25 Cts.
Aufgehobener freier Eintritt für Aktionäre, Abonnenten und Freikarten.

→
Die Dornacherin Louise Fiechter hinterliess dem Zolli 1954 rund 187 000 Franken. Der Zoo baute damit das Papageienhaus im Sautergarten.

↓
Ganzjähriger Vergnügungspark: In den 1880er-Jahren warb der Zolli in Inseraten für sein Rahmenprogramm.

Kollektive Spendierfreude

Wie fest der Zoo in der Bevölkerung verankert ist, lässt sich auch an den zahlreichen Spendenaktionen der vergangenen 150 Jahre ablesen. Bereits 1878 brachte eine Kollekte dem Zoo rund 50 000 Franken ein, was heute etwa 400 000 Franken entspricht. Zum 50-Jahr-Jubiläum 1924 sammelten Baselbieter Schulkinder rund 2000 Franken, was heute 12 000 Franken entspricht. Und in jüngerer Zeit kommen jährlich Tausende von Franken in Form von Kleinspenden zusammen.

Tierpatenschaften

Ungebrochener Beliebtheit erfreuen sich die Tierpatenschaften. Um die achthundert Patinnen und Paten spenden auf diesem Weg jährlich rund 260 000 Franken. Während eher unscheinbare Tiere wenige hundert Franken im Jahr kosten, greift man für einen Löwen (6000 Franken) oder einen Elefanten (12 000 Franken) tiefer in die Tasche.

Jetzt wird's persönlich

Den grössten Posten im Budget des Zoo Basel nehmen nicht die Tiere ein, sondern die Menschen: 215 Angestellte arbeiten in 168 Vollzeitstellen (Stand: 31.12.2023) im Zolli. Damit betragen allein die Personalkosten rund 60 Prozent des Gesamtaufwands. Die Fluktuation ist dabei ausserordentlich tief: Angestellte mit 30, 35 oder gar 40 Dienstjahren sind keine Seltenheit.

Auch die Region profitiert

Gemäss einer Studie der Fachhochschule Nordwestschweiz generiert der Zoo Basel für die Region eine Nettowertschöpfung von 57 Millionen Franken. Diese entsteht zum einen aus der Berücksichtigung des lokalen Gewerbes und regionaler Lieferanten, zum andern aus den Abgaben der Mitarbeitenden, die meist in der Region wohnen. Allein deren Steuern belaufen sich auf 1,4 bis 1,9 Millionen Franken. Unter diesem Gesichtspunkt sind die 1,45 Millionen Franken, die Basel-Stadt dem Zolli jährlich zuspricht, eine lohnende Investition.

ERBAUT 1955
im Gedenken an die grosse Tierfreundin
und Gönnerin des Zoolog. Gartens
Fräulein Louise Fiechter

WS-SKYWORKER.CH
Greenline
LIGHTLIFT 17.75
0800 813 813
MIETSERVICE SCHWEIZWEIT

30 Denkaufgabe Vogelhaus

Eine neue Tieranlage entsteht

Für den Bau oder die Erweiterung von Tierhäusern braucht es eine kluge und erfahrene Crew. Architektinnen, Tierpfleger, Landschaftsarchitekten und viele mehr bringen beim Bauen für Tiere ihre Anforderungen und Expertise mit ein. Dabei laufen selbst die erfahrensten Köpfe manchmal heiss.

Eigentlich hätte es abgerissen werden sollen, das Vogelhaus aus dem Jahr 1927. So war es in der letzten Gesamtplanung des Zoo Basel von 1997 vorgesehen. Jeweils auf 25 Jahre hinaus erarbeitet der Zoo eine Planung, wie sich der Garten entwickeln soll und wann welche Tieranlagen renoviert oder neu gebaut werden sollen. Doch als schliesslich das Vogelhaus an der Reihe war, schien es doch zu schade, das denkmalwürdige Haus einfach niederzureissen. Wie das Restaurant stammt es vom Basler Architekten Heinrich Flügel und hat das Erscheinungsbild des Zolli über Jahrzehnte geprägt. Nach langen Überlegungen, ob sich das Gebäude nicht doch erhalten und auf den aktuellen Tierhaltungsstandard bringen liesse, entschied man sich schliesslich dazu, das Haus zu renovieren und mit einem Anbau zu versehen.

Damit begann ein Bauprojekt mit vielen Herausforderungen. Zooarchitektur ist eine eigene Disziplin, denn Tierhäuser und Anlagen müssen komplexe Anforderungen erfüllen: Sie sollen die Bedürfnisse der Tiere abdecken, für das Personal praktisch handhabbar sein, einen nachhaltigen Energieverbrauch aufweisen, genügend Platz fürs Publikum bieten, Bildungsangebote bereitstellen, ins Erscheinungsbild des Zoos passen, technisch auf dem neusten Stand sein, und so weiter und so fort. Damit all diese Bedürfnisse berücksichtigt werden können, arbeitet der Zoo Basel in einem iterativen Prozess. Das bedeutet zuerst einmal, dass sich alle am Projekt beteiligten Personen an einen Tisch setzen: die Bau-Verantwortlichen des Zolli, die Kuratorinnen und Kuratoren, Architekten und Landschaftsarchitektinnen, Fachplaner, Handwerker, Techniker und diverse andere Fachleute.

Zum Aufhängen der Lianen auf neun Metern Höhe brauchte es im Vogelhaus eine Hebebühne.

In zahlreichen Projektschritten bringen alle Beteiligten ihre Expertise ein und erarbeiten gemeinsam die neue Anlage. Dieses Vorgehen hat sich im Zoo Basel in vielen Bauprojekten bewährt und kam auch beim Vogelhaus zum Einsatz. Dass in diesem hochkomplexen Prozess die Lösungsfindung hart erarbeitet werden muss, zeigen die folgenden Beispiele aus dem Vogelhaus.

Ins rechte Licht gerückt

Allein die Wahl der richtigen Fenster war eine Wissenschaft für sich. Aus betrieblicher Perspektive sollte das Vogelhaus bei sämtlichen Fenstern eine Dreifachverglasung erhalten, damit über die grossen Scheiben möglichst wenig Wärme entweicht, und sollte so sparsam und umweltfreundlich wie möglich geheizt werden können. Vonseiten Tierhaltung kam jedoch der Einwand, dass eine Dreifachverglasung zu viel UV-Strahlung absorbiert. Diese brauchen Vögel zum Leben, denn anders als wir Menschen können manche Arten Licht im UVA-Bereich wahrnehmen. Fallen diese Strahlen weg, gibt es Arten, bei denen zum Beispiel ein Vogelweibchen die andersartige Musterung eines Männchens nicht mehr erkennen kann. Also machte sich der Zoo Basel auf die Suche nach speziellen Fenstern, die UVA-Strahlung durchlassen, und arbeitete dafür mit Fachleuten der Hochschule Luzern zusammen. Diese testeten für den Zolli zahlreiche Glasmuster auf ihre UV-Durchlässigkeit. «Es war ein sehr aufwendiger Prozess, der sich aber gelohnt hat», sagt rückblickend die Bau-Verantwortliche des Zolli, Heidi Rodel. «Wir haben eine Dreifachverglasung gefunden, welche die wichtigen UVA-Strahlen durchlässt.»

Die ‹Lichtfrage› war damit aber noch nicht abschliessend beantwortet: Vögel brauchen für ihren Vitamin-D-Haushalt nämlich auch UVB-Strahlen. Weil kein Glas der Welt diese Strahlen durchlässt, entschied man sich für sogenannte UVB-Tankstellen, spezielle Leuchten, die bei den Futterstellen der Vögel aufgehängt werden. Während sie fressen, sind sie genügend UVB-Strahlen ausgesetzt, um das nötige Vitamin D zu produzieren. Wenn es die Temperaturen zulassen und die Sonne scheint, öffnet man in der Freiflughalle zudem die Fenster, die selbstverständlich vergittert sind. Dann können die Vögel auf den Fenstersimsen Platz nehmen und sich die Sonne aufs Gefieder scheinen lassen. Der Zolli hat dazu extra Sitzgelegenheiten mit unterschiedlich dicken Stängelchen gebaut. «Für jeden Vogel die passende Schuhgrösse», wie Heidi Rodel sagt.

Damit sind in puncto Lichtverhältnisse aber noch nicht alle Vogelbedürfnisse gedeckt. Tropische und subtropische Vögel erleben das ganze Jahr über einen zwölfstündigen Tag-Nacht-Rhythmus. Im Vogelhaus hat man deshalb eine spezielle Lichtsteuerung eingebaut, welche die dunklen Wintertage künstlich auf zwölf Stunden verlängert. «Im Sommer hingegen verkürzen wir die Sonnenstunden nicht, auch wenn es Mitte Juni fast sechzehn Stunden lang hell ist», sagt die Junior-Kuratorin des Vogelhauses, Jess Borer. Die Vögel können gut mit längeren Sommertagen leben.

Vogelsichere Scheiben

Womit die Vögel allerdings nicht leben könnten, wären Seitenfenster aus Klarglas. Weil sie die Scheiben nicht erkennen, würden sie hineinfliegen und sich verletzen. Sämtliche Seitenfenster sind deshalb aus Strukturglas gefertigt, wie man es aus Badezimmern kennt. Nur die Fenster an der Decke sind aus Klarglas. «Die Vögel können zur Decke hin nicht genügend Tempo aufnehmen, weshalb es dort unbedenklich ist», erklärt Heidi Rodel. «Dort steht der ungehinderte Lichtdurchlass im Vordergrund.»

Beim Putzen all dieser Fenster zeigte sich die nächste Herausforderung: Das Haus ist so hoch, dass es dafür Industriekletterer braucht. Deshalb mussten an der Decke Schienen angebracht werden, in die sich die Kletterer einklinken können. Und der Zolli musste sein Personal zu Industriekletterern weiterbilden, damit sie in der Höhe putzen, Lampen wechseln und Pflanzen zurückschneiden können.

Mit all den hier geschilderten Überlegungen war aber erst die Frage nach dem Licht beantwortet. Fragen zu Statik, Bausubstanz, Lüftung, Heizung, Beregnung und vielem mehr brauchten ähnlich komplizierte Entscheidungswege. Ob all der Anforderungen könnte man tatsächlich Vögel bekommen.

Für Unterhaltsarbeiten in der zwölf Meter hohen Freiflughalle hat der Zoo einzelne Mitarbeitende zu Industriekletterern ausgebildet.

31 Frischfisch per Kanalpost

Der Rümelinkanal – die Wasserader des Zolli

Der Zufall will es, dass mit dem Rümelinkanal ein jahrhundertealter Wasserlauf durch den Zolli fliesst. Für Zootiere ist das ein Glück: Manche baden, andere jagen darin, und alle löschen im Wasser ihren Durst. Damit der Rümelinkanal nie versiegt, haben ihn zwei Brüder stets im Blick, auch nachts.

Für Pelikane ist ein Teich voller Wasser wie für uns Menschen ein Kühlschrank: voller feiner Sachen, nach denen man nur zu greifen braucht. Pelikane greifen vorzugsweise nach Fisch, und das tun sie ziemlich raffiniert: Sie stellen sich im Wasser im Kreis auf und umzingeln so die Fische. Mit den scharfen Haken an ihren Schnäbeln schneiden sie ihnen den Weg ab, sodass sie keinen Ausweg finden. Sind die Fische einmal in die Enge getrieben, öffnen Pelikane ihren Schnabel und füllen ihn mit Wasser und Fisch. Dank dem dehnbaren Hautsack an ihrer Kehle, der bis zu elf Liter Wasser fasst, hat eine Menge darin Platz. Dann lassen sie das Wasser aus ihrem Schnabel abfliessen und der Fisch, der im Maul zurückbliebt, wird geschluckt. So fressen Pelikane täglich zehn Prozent ihres Körpergewichts, das heisst rund 1,2 Kilo Fisch pro Vogel. Die im Zolli verfütterten Fische sind zwar schon tot, wenn die Pelikane sie aus dem Wasser sieben, doch gefressen werden sie auf dieselbe Art und Weise wie in der Natur.

Immerwährender Nachschub

Würde im Pelikan-Weiher plötzlich das Wasser versiegen, käme das in etwa einem Kühlschrank ohne Strom gleich. Damit es nie so weit kommt, gibt es im Zolli den Rümelinkanal, einen ehemaligen Gewerbekanal, der vom Birsig abzweigt. Der Kanal versorgt den Zolli mit Wasser und fliesst entlang der westlichen, oberen Grenze des Gartens von Binningen bis zu den Flusspferden beim Haupteingang. Er verläuft zum Teil an der Oberfläche, quert unterirdisch die Gleise der Elsässerbahn und fliesst unter und hinter Gebäuden durch. Vom Hauptkanal zweigen an diversen Stellen Leitungen ab, welche die verschiedenen Wasserbecken und -gräben im Zolli mit Wasser speisen. Es fliesst etwa in die Wassergräben der Rentiere und Bisons, zum Kinderzolli im unteren Teil des Gartens oder in die Badebecken der Elefanten.

Pelikane sind begnadete Fischer: Sie benutzen ihren Schnabel wie einen Kescher, um die schwimmende Beute einzufangen.

Im Mittelalter war der Rümelinkanal die Wasserader für Gewerbetreibende in der Stadt. Der im 13. Jahrhundert erstmals urkundlich erwähnte Kanal versorgte etwa in der Innenstadt die Gerber im Gerbergässlein mit Wasser. Er bildete bis ins 19. Jahrhundert die Hauptwasserversorgung links des Birsig. Mittlerweile dient er nur noch den Zootieren zum Baden und Trinken und als Abgrenzung ihrer Gehege.

Schieber auf, Schieber zu

Den Wasserlauf im Zolli so zu justieren, dass er vom Leimental herkommend weder zu viel noch zu wenig Wasser in den Garten bringt, ist eine Wissenschaft für sich, welche die beiden Brüder und Zolli-Gärtner Christophe und Philippe Moll meisterhaft beherrschen. Sie sind seit über zehn Jahren für den Rümelinkanal verantwortlich und wissen immer, wo das Wasser wie hoch steht und welche Tieranlagen zu wenig Wasser führen. Jeden Morgen, wenn sie mit einem Anhänger voll Gras durch den Zolli fahren und die Tiere mit Frischfutter versorgen, kontrollieren sie die wenigen Stellen, an denen der Kanal an die Oberfläche tritt. «Es ist quasi unser Morgensport, zu schauen, welche Steinchen im Bachlauf nass sind. Wir wissen genau, auf welche wir achten müssen. Wenn diese nass sind, ist es gut. Wenn nicht, fliesst zu wenig Wasser», erklärt Philippe Moll. Den Kanal beeinflussen können die beiden an mehreren Stellen, zum Beispiel hinter dem Gleis der Elsässerbahn, die bei den Giraffen über eine Brücke mitten durch den Zolli fährt. Dort drehen sie täglich die Schieber auf und zu und bestimmen, wie viel Wasser in den Garten fliesst. Was zu viel ist, wird über unterirdische Läufe in den Birsig zurückgeführt.

Kindervelos und alte Töffli

Die Schieber und Rechen im Zolli müssen regelmässig geputzt werden, denn besonders im Herbst und im Frühling schwemmt der Bach massenhaft Laub und Blütenblätter an. Alle zwei Wochen schultern die beiden Gärtner zudem Schaufel und Besen und verlassen den Zoo in Richtung Robi-Spielplatz in Binningen. Dort zweigt der Rümelinkanal vom Birsig ab. Auf Höhe des Robi-Spielplatzes drehen Christophe und Philippe Moll jeweils den Schieber zu, steigen in den Wasserlauf hinunter und befreien ihn von Sand, Schlick und Ästen. Manchmal finden sie auch Kindervelos oder alte Töffli – eben alles, was der Kanal so mit sich führt. «Würden wir nicht putzen, würde bald gar kein Wasser mehr fliessen», sagt Christophe Moll.

Besonders nach einem heftigen Gewitter schwemmt der Rümelinkanal derart viel Schlamm an, dass gleich mehrere Zolli-Gärtner mit anpacken müssen. Wenn es gewittert, haben die beiden noch weitere Sorgen, denn dann klingelt unter Umständen mitten in der Nacht das Telefon und sie müssen schnellstmöglich dafür sorgen, dass keine Flut von Abwasser im Zolli landet. «In Therwil ist der Birsig nämlich an eine Kläranlage angeschlossen, und diese wird abgestellt, wenn zu viel Wasser im Bach daherkommt», erklärt Christophe Moll. Dann rauscht das Abwasser ungeklärt in den Birsig – und später via Kanal in den Zolli. Um dies zu verhindern, erhalten die Moll-Brüder im Notfall von der kantonalen Alarmzentrale Bescheid. Auch bei Ölalarm werden sie informiert. «Wir sind schon etliche Male nachts ausgerückt, zum Glück wohnen wir gleich in der Nähe», sagt Philippe Moll.

Take-away für Pelikane

Wie viel Wasser der Kanal führt und was er so anschwemmt, ist im Zolli auch für das Publikum an manchen Orten zu sehen. Eine solche Stelle befindet sich beim Antilopenhaus vis-à-vis der Aussenanlage der Kleinen Kudus. Dort sind sogar innerhalb eines Tages grosse Schwankungen zu beobachten. «Wir merken immer, wenn das Leimental am Duschen ist oder Geschirr wäscht», sagt Philippe Moll und schmunzelt. Manchmal schwemmt der Rümelinkanal auch Fische in den Garten. «Wir haben im Kanal schon Karpfen und Forellen entdeckt», sagt Christophe Moll. Je nachdem, welchen Abzweiger die Fische im Zolli nehmen, landen sie im Weiher der Pelikane. Was sie dort erwartet, dürfte nun bekannt sein.

Christophe und Philippe Moll kennen jeden Winkel des kanalisierten Birsig.

→ Den Zulauf des Rümelinkanals zum Zolli befreien die Brüder wöchentlich von Schlick und Ästen.

32 Knigge für Menschenaffen

Vom einstigen Umgang mit Gorilla & Co.

Bis in die 1960er-Jahre mussten die Menschenaffen im Zolli artig wie Menschenkinder essen, Kunststücke vorführen und mit ihrem Pfleger im Garten spazieren gehen. Hinter dieser Art der Haltung steckten gut gemeinte Absichten.

Entspannt liegt ein Schimpanse in einem aufgehängten Segeltuch, in der Hand hält er ein Stück Gurke. Er raspelt die Schale mit den Zähnen ab und lässt die Überreste zu Boden fallen. Die Schale mag er nicht, auch Tomaten und Karotten schält er, bevor er sie frisst. Die Schale von Orangen hingegen ist für Schimpansen eine Delikatesse. Wenn sie Orangen erhalten, kratzen sie mit den Zähnen die weisse Haut im Innern bis auf die letzte Faser heraus. Auch in Futterkästen grübeln Schimpansen gerne. Eifrig versuchen sie, die versteckten Äpfel zu ergattern, und lecken sich genüsslich die Finger.

Solche Szenen wären vor knapp hundert Jahren undenkbar gewesen. 1927, als der Zolli erstmals Schimpansen hielt, mussten sie sich zum Essen wie Kinder an einen Tisch setzen, aus einer Schale Suppe löffeln und dem Publikum zeigen, wie artig sie zu essen gelernt hatten. Aus dem wenigen, was damals über Menschenaffen bekannt war, folgerte man, dass die Tiere in Zoohaltung am besten wie Menschenkinder erzogen werden sollten. Man beschäftigte sie auch wie Kinder. Viele Baslerinnen und Basler werden sich daran erinnern, wie Oberwärter Carl Stemmler bis in die frühen 1960er-Jahre mit den Affen im Zolli spazieren ging oder wie Schimpansen auf einem Velo durch den Garten flitzten.

Turnübungen gegen Langeweile

Die damalige Art der Menschenaffenhaltung wirkt aus heutiger Sicht seltsam, als hätte man die Tiere zur Volksbelustigung allen möglichen Unnatürlichkeiten ausgesetzt. Wie Aufzeichnungen von Carl Stemmler zeigen, steckten aber ernsthafte Überlegungen dahinter, die dem Wohl der Tiere dienen sollten.

Typisches Merkmal der einstigen Menschenaffenhaltung: Auf dem Bild von 1966 sitzen die Gorillas mit hängenden Beinen und ineinander verschränkten Zehen. So hatten es ihnen die Pfleger beigebracht, um sofort zu erkennen, wenn sich ein Tier davonmachen wollte. Natürlicherweise hätten sie die Beine angezogen und wären jederzeit zum Absprung bereit.

Stemmler arbeitete von 1927 bis 1964 im Zolli und prägte die Betreuung von Menschenaffen. Er war überzeugt, die Tiere zum Spiel und zur Bewegung animieren zu müssen, weil sie in Zoohaltung nicht mit der Suche nach Nahrung beschäftigt seien. Diese Unterbeschäftigung könne «seelische Missstimmungen und sogar organische Störungen» zur Folge haben, wie er in einem seiner zahlreichen Bücher schrieb. Er begann deshalb, sie mit Kunststücken zu unterhalten, und suchte nach Aktivitäten, die sowohl den Tieren als auch dem Publikum Spass machen sollten.

Für Schimpansen schien ihm besonders das Velofahren geeignet: «Das ungemein rasche Vorwärtskommen passt ausgezeichnet zum Temperament des Schimpansen, das auf schnelle Ortsveränderungen eingestellt ist. Aber auch Turnübungen an Geräten und Spiele mit dem Pfleger helfen dem Tier, vor allem die winterliche, publikumslose Zeit zufrieden zu verbringen.» Das Lachen und der Applaus des Publikums animierten das Tier zum freiwilligen Wiederholen seiner Kunststücke und lösten in ihm «eine gewisse Selbstzufriedenheit und Munterkeit» aus.

Der Mensch als Kamerad und Muttersatz

Stemmler wandte sich den Menschenaffen ganz intensiv zu, weil sie als Jungtiere ohne Mutter und meist auch ohne gleichaltrige Artgenossen in den Zolli kamen. In der Natur haben junge Menschenaffen ein sehr enges Verhältnis zur Mutter und wachsen in Familienverbänden auf. Wenn sie als Jungtiere aus diesen Strukturen gerissen würden, müsse der Mensch für das seelische Wohl der Tiere sorgen, so Stemmler: «Wenn hier nicht der Pfleger als Kamerad und Spielgefährte eingreift und versucht, dem jungen Tier Mutter und Altersgenossen zu ersetzen, treibt der junge Menschenaff rasch einem traurigen, aber sicheren Ende entgegen.»

Wie sehr man vom Wohl eines Menschenkindes auf das Wohl eines Affenkindes schloss, zeigt das Beispiel der berühmten ‹Goma›, die 1959 in Basel als erster Gorilla in einem europäischen Zoo zur Welt kam. ‹Goma› wurde von Hand aufgezogen und wuchs in der Familie von Zoodirektor Ernst Lang auf. Dort legte man sie wie ein Kind liebevoll mit einem Plüschbären in ein Bettchen, lehrte sie den aufrechten Gang und backte ihr zum ersten Geburtstag einen Kuchen.

Wenn Menschenaffen ausgewachsen sind, kann der Umgang mit ihnen allerdings gefährlich werden. Stemmler erzog sie deshalb von klein auf so, dass sie ihn als ranghöheres Gruppenmitglied anerkannten. «Durch zielbewusste, gerechte und trotzdem konsequente Behandlung bringt man die Affen so weit, dass sie im Wärter nicht nur den scheinbar viel stärkeren Meister, sondern weit eher einen älteren Kameraden, fast möchte ich sagen, Stammesgenossen, sehen.» Er erreichte damit, dass er die erwachsenen Tiere medizinisch behandeln konnte, ohne dass sie ihn angriffen, und er sich später auch den Jungtieren nähern konnte, die in den 1950er-Jahren erstmals in Zoohaltung zur Welt kamen.

Die Gruppenhaltung setzt sich durch

Die äusserst erfolgreiche Zucht von Gorillas, Schimpansen und Orang-Utans, die im Zoo Basel in den späten 1950er-Jahren ihren Anfang nahm, führte in den folgenden dreissig Jahren zu einem schrittweisen Umdenken in der Haltung. Nun waren die Jungtiere keine Waisen mehr, die eine Betreuung durch den Menschen nötig hatten, sondern lebten mit der Mutter und mit Artgenossen zusammen. Ein Meilenstein in dieser Entwicklung war der Bau des Affenhauses im Jahr 1969, in dem Schimpansen, Orang-Utans und Gorillas erstmals nach Arten getrennt in Familiengruppen lebten. Ab 1987 verzichtete der Zolli ganz auf den direkten Kontakt mit den Tieren. Einerseits, weil die Nähe zu gefährlich wurde, und andererseits, weil man zur Überzeugung gelangt war, dass Menschenaffen am besten ungestört in ihren sozialen Gruppen leben sollten.

Eine zentrale Figur, die dieses Umdenken vorantrieb, war der Verhaltensforscher und Fotograf Jörg Hess. Er begann in den späten 1960er-Jahren für den Zoo Basel zu arbeiten und dokumentierte das Sozialleben von Menschenaffen in jahrzehntelanger Beobachtung. Sein Interesse galt insbesondere der Mutter-Kind-Beziehung der Tiere, über die er zahlreiche Bücher veröffentlichte. Hess trug mit seiner Fachkenntnis entscheidend dazu bei, dass die Basler Gorillas, Schimpansen und Orang-Utans zu weltweit beachteten Zuchtgruppen heranwuchsen. Und sich heute so verhalten dürfen, wie es ihrem Naturell entspricht.

Die Schimpansen ‹Max› und ‹Moritz› im Zoo Basel der 1930er-Jahre. Eine Beschäftigung wie für Menschenkinder war zu der Zeit gang und gäbe.

STEYR-WERKE-ZÜRICH
ZG

Wird der Zoo Basel die Haltung von Menschenaffen überdenken müssen?

«In den 150 Jahren, die der Zoo Basel besteht, hat sich die Tierhaltung grundlegend verändert. Die Verhaltensforschung hat ab Mitte des 20. Jahrhunderts viel darüber herausgefunden, wie Wildtiere leben und wie ihre Bedürfnisse in die Zoohaltung übersetzt werden können. Zoos haben ihre Tierhaltung entsprechend angepasst, was sich auch bei den Menschenaffen zeigt. Heute wäre es unvorstellbar, Schimpansen, Gorillas oder Orang-Utans zu vermenschlichen und sie beispielsweise an einem Tisch aus einem Tellerchen essen zu lassen. Menschenaffen in Zoos leben heute in sozialen Gruppen, die für ihre Art typisch sind. Die Erkenntnis, dass dies für ihre psychische Gesundheit von zentraler Bedeutung ist, hat man aus Forschungen in der Natur gewonnen. Es wurde deutlich, dass die wenigsten Arten in monogamen Familienstrukturen leben, wie wir Menschen sie kennen.

Heute ist es in erster Linie die Kognitionsforschung, die neue Erkenntnisse bringt. Sie versucht, das Denken, die Wahrnehmung und die Problemlösefähigkeit von Menschenaffen zu verstehen. Der Zolli interessiert sich sehr für diese Fragen und stellt seine Tiere der Wissenschaft für Studien zur Verfügung. Die Menschenaffen machen freiwillig an diesen Tests mit, bei denen sie gegen Belohnungen Aufgaben auf einem Touchbildschirm lösen und damit Einblick in ihre Art zu denken geben.

Der Zoo Basel hält es aus mehreren Gründen für richtig und sinnvoll, auch weiterhin Menschenaffen zu halten. Wir halten die Tiere gemäss den neuesten Erkenntnissen aus der Biologie und der Veterinärmedizin. Wir sensibilisieren Menschen, indem sie unsere Tiere erleben und beobachten können. Jeder, der im Zoo einem Menschenaffen in die Augen blickt, der von der fürsorglichen Pflege einer Gorilla-Mutter für ihr Junges berührt ist oder der die fürs Klettern gemachten Füsse eines Orang-Utans genauer studiert, findet in seinem Herzen vielleicht einen Platz für die Tiere.

Der Zoo Basel unterstützt mit seinen Eintritten Naturschutzprojekte, welche die Lebensräume der Tiere in der Natur schützen und fördern. Und er macht auf die Gefahren aufmerksam, die den Wildtieren in der stark beeinträchtigten Natur drohen. Der Mensch beansprucht immer mehr Raum und verdrängt die Tiere aus ihren Lebensräumen. Weltweit kommt den Zoos in dieser Aufklärungsarbeit eine grosse Verantwortung zu.»

Olivier Pagan, Direktor Zoo Basel

Seit 1927 hält der Zoo Basel Schimpansen.

33 Präzise beobachtet

Der Zoo als Forschungsort

Wenn Schimpansen auf Bildschirmen herumdrücken und Gorillas Videos anschauen, dann läuft im Zoo Basel eine wissenschaftliche Studie. Forschungsprojekte verbessern die Tierhaltung und können vielleicht in Zukunft den Ursprung der Sprache erklären helfen.

Schräge Blicke im Affenhaus können viele Gründe haben. Der naheliegendste ist, dass man gerade von einem Gorilla gemustert wird. Die eindrucksvollen Primaten scheuen nämlich den direkten Blickkontakt. Dieser gilt sowohl im Kontakt mit uns Menschen als auch mit ihren Artgenossen als aggressiv oder gar feindselig. Stattdessen beobachten Gorillas ihre Umwelt verstohlen aus dem Augenwinkel, und oft ist nicht ganz klar, worauf sie ihre Aufmerksamkeit gerade lenken.

Forschende der Universität Neuchâtel wollen aber genau das herausfinden: wohin Gorillas, Schimpansen und Orang-Utans blicken, wenn sie etwas betrachten. Im Affenhaus des Zoo Basel führen sie deshalb wissenschaftliche Experimente durch. «Wir spielen Menschenaffen kurze Videosequenzen vor, auf denen beispielsweise ein fressender Gorilla oder zwei spielende Jungtiere zu sehen sind», erklärt die Leiterin der Studie, die Verhaltensbiologin Vanessa Wilson. «Während die Menschenaffen sich die Videos anschauen, zeichnet eine Infrarotkamera auf, wo sie hinblicken. Sie erkennt selbst feinste Augenbewegungen und registriert, wie die Tiere einem Ereignis mit ihren Augen folgen und worauf sich ihre Aufmerksamkeit richtet.»

Woher kommt die Sprache?

Die Untersuchungen von Wilson sind Teil des ‹Evolving Language›-Projekts, in dem Forschende verschiedener Disziplinen dem Ursprung der menschlichen Sprache nachgehen. Den Zusammenhang mit den Untersuchungen im Affenhaus erklärt der Biologieprofessor und Projektkoordinator Klaus Zuberbühler von der Uni Neuchâtel: «Wenn wir Menschen kommunizieren, sind die Wörter nicht einfach willkürlich zusammengewürfelt, sondern folgen einer Struktur: unserer Grammatik. Wenn wir ein Ereignis erzählen, verwenden wir vereinfacht gesagt bestimmte Schablonen.»

Gorillas nehmen den direkten Blickkontakt von Artgenossen als aggressives Verhalten wahr. Tierpflegerinnen und Kuratoren, die eine nahe Beziehung zu den Tieren haben, blicken ihnen deshalb nie direkt in die Augen.

In Videoexperimenten wurde nachgewiesen, dass Menschen diese Schablonen auch verwenden, wenn sie Dinge beobachten. Sie strukturieren also nicht nur unsere Sprache, sondern auch unsere Wahrnehmung. «Nun stellt sich die Frage, was zuerst da war», sagt Zuberbühler. «Haben diese Schablonen bereits vor der Entwicklung der Sprache existiert und baut unsere Grammatik darauf auf? Oder sind sie erst mit der Sprache entstanden und haben sich dann sozusagen rückwirkend in unserem Unterbewusstsein eingenistet?»

Bei diesen Schablonen setzt die Studie mit den Menschenaffen, unseren nächsten Verwandten, an. Die Forschenden wollen herausfinden, ob sie wie wir Menschen solche Schablonen verwenden. Das lässt sich jedoch über ihre beobachtbare Kommunikation nicht erschliessen. Gemäss Zuberbühler funktioniert diese nämlich fundamental anders als unsere. «Ihre Rufe beziehen sich eher auf grössere Situationen in ihrer Umwelt und bedeuten vielleicht ‹Begrüssung› oder ‹Gefahr›. Komplexe Ereignisse erzählen ist damit aber nicht möglich und entspricht offenbar auch nicht dem Bedürfnis der Tiere. Anders als wir Menschen bedienen sie sich in ihrer sprachlichen Kommunikation also nicht dieser Schablonen.» Doch wie sieht es auf der unterbewussten Ebene aus: Denken Menschenaffen in diesen Schablonen? «Genau das wollen wir mit den Videoexperimenten herausfinden. Denn wenn sie die abgespielten Situationen auf ähnliche Art wie wir Menschen betrachten, wäre das ein Hinweis darauf, dass sie Schablonen verwenden.»

Warum forscht ein Zoo?

Dass in einem Zoo geforscht wird, ist nichts Ungewöhnliches. Forschung ist ein Grundpfeiler aller wissenschaftlich geführten Zoos. Ein Blick in den Geschäftsbericht des Zoo Basel offenbart, wie stark vernetzt seine Fachleute mit der internationalen Wissenschaftsgemeinschaft sind: Alle Mitarbeitenden mit akademischem Hintergrund veröffentlichen jährlich zahlreiche Beiträge in zoologischen und veterinärmedizinischen Zeitschriften. Sie besuchen Tagungen und Kongresse, halten im In- und Ausland Vorträge oder Vorlesungen.

Adrian Baumeyer, Kurator bei den Menschenaffen im Zoo Basel, sagt: «Sich vernetzen, Wissen austauschen, Haltungsfragen diskutieren, neue Erkenntnisse in der Zucht einer bestimmten Tierart mit anderen teilen – das alles ist heute enorm wichtig und spielt eine grosse Rolle in unserem Zooalltag.» Auch für Master- und Doktorarbeiten in Biologie oder Veterinärmedizin stellt der Zoo regelmässig seinen Tierbestand zur Verfügung. «Wir überlegen uns mit den Forschenden, welche Fragestellung für sie, aber auch für uns spannend sein könnte. Gerade Forschungsprojekte, die unsere Haltung untersuchen, helfen uns dabei, die Tierhaltung zu verbessern.»

Freiwillige Teilnahme

Während manche Forschungsergebnisse direkte Konsequenzen für die Tierhaltung im Zoo Basel haben, handelt es sich beim Neuenburger Projekt um Grundlagenforschung. Dennoch profitieren auch die Affen. «Für sie sind die Versuche eine interessante Beschäftigung», erklärt Vanessa Wilson. Eine Beschäftigung, die vollkommen freiwillig ist. Wenn Wilson mit ihrem Wagen, auf dem Bildschirm und Kamera montiert sind, von aussen ans Gehegegitter heranfährt, muss sie deshalb oft zuerst einmal warten, bis ein Tier Interesse zeigt: «Als Motivation dient ein Gummischlauch, durch den es verdünnten Sirup zu trinken gibt.»

Eine erste Auswertung der bisherigen Daten hat gezeigt, dass Menschenaffen – genauso wie wir Menschen – in den oben genannten Schablonen denken. Was bedeutet das nun für die Forschung? Für Klaus Zuberbühler ist damit eine wichtige erste Theorie bewiesen worden. «Falls wir jetzt aber sehen, dass kognitiv kein grosser Unterschied zwischen Gorillas, Schimpansen und Menschen besteht, dann ist die grosse Frage, warum die Menschenaffen keine Sprache entwickelt haben, wir Menschen aber schon. Das ist nun das nächste Projekt, das wir angehen müssen.»

Bis dahin werden sich die Forscherinnen und Forscher der Uni Neuchâtel im Affenhaus wohl noch einige Male schräg anschauen lassen müssen.

Die Forschung der Uni Neuchâtel im Zoo Basel ist für die Affen freiwillig. Manchmal müssen die Forschenden lange warten, bis ein Tier Lust auf die Teilnahme hat. Kleine Belohnungen motivieren sie zur Mitarbeit.

Tierversuche im Zoo – darf man das?

«Jede Untersuchung mit einem Tier, die wissenschaftlich ausgewertet wird, unterliegt dem Tierschutzgesetz und muss von einer Behörde bewilligt werden. Der Weg zur Bewilligung ist immer der gleiche: Wir als Team und speziell ich als Tierschutzverantwortliche müssen als Erstes eine Güterabwägung machen und den Nutzen für unsere Tiere der Belastung gegenüberstellen, die sie dabei erfahren. Das Resultat einer Studie muss die möglichen negativen Einflüsse überwiegen – sonst wird keine Forschung durchgeführt. Sind wir uns im Team einig, beantragen wir eine Bewilligung beim kantonalen Veterinäramt. Je nach Schweregrad beurteilt das Amt oder zusätzlich eine interkantonale Tierversuchskommission mit Fachleuten aus Forschung, Industrie und Tierschutzorganisationen das Gesuch. Und zum Schluss muss auch noch das Bundesamt für Lebensmittelsicherheit und Veterinärwesen sein Einverständnis geben.

Das Gesetz teilt dabei die Tierversuche in vier Schweregrade ein, von 0 (‹keine Belastung›) bis 3 (‹schwere Belastung›). Die Menschenaffen-Studien der Universität Neuchâtel entsprechen dem Schweregrad 0 (‹keine Belastung›), der niedrigsten Stufe. Die Tiere erleiden weder Schmerzen noch Angst. Sie werden nicht zum Mitmachen gezwungen und können den Versuchsplatz jederzeit verlassen. In den Schweregrad 1 (‹leichte Belastung›) hingegen fällt eine Impfstudie, die wir mit Javaneraffen durchführen. Seit 2016 testen wir an ihnen einen neu entwickelten Impfstoff gegen den Fuchsbandwurm.

Blick über die Schulter eines Schimpansen, der an einem Video-Experiment der Uni Neuchâtel teilnimmt. Die Tiere befinden sich dabei in ihrer Anlage und können die Forschungssituation jederzeit verlassen.

Der Parasit stellt in vielen zoologischen Institutionen ein grosses medizinisches Problem dar, immer wieder sterben Tiere daran. Die Studie fällt unter den Schweregrad 1, weil wir in Kauf nehmen, dass die Tiere einen Moment lang Angst haben, wenn wir sie einfangen und festhalten – aber nur so können wir ihnen die wichtige Impfung spritzen. Und weil wir wissen wollen, ob das Mittel auch einen Effekt hat, wird zum gleichen Zeitpunkt Blut entnommen, was ebenfalls einen kleinen Schmerz verursacht. Das steht aber in keinem Verhältnis zum möglichen Nutzen der Studie: dass durch die Impfung die tödliche Krankheit verhindert werden kann.

Tierversuche der Schweregrade 2 und 3 stellen gemäss Gesetz eine ‹mittelschwere bis schwere Belastung› für die Tiere dar und können unter Umständen bleibende Schäden zur Folge haben. Auch sie müssen den Bedürfnissen der Tiere in bestmöglicher Weise Rechnung tragen und unterliegen dem strengen Bewilligungsprozedere. Solche Versuche führen wir im Zoo Basel nicht durch. Dennoch bin ich auch ihnen gegenüber positiv eingestellt, denn die Entwicklung lebensrettender Medikamente und Therapien für Menschen und Tiere wäre heute ohne Tierversuche nicht möglich. ‹Tierversuche im Zoo – darf man das?› Ich als Tierärztin finde: Ja, man darf – und man muss sogar. Denn ohne sie können wir uns nicht richtig um unsere Tiere kümmern.»

Fabia Wyss, Tierärztin und Tierschutzverantwortliche Zoo Basel

34 Mit kleinem Fussabdruck in die Zukunft

Den kommenden Generationen verpflichtet

Einen 150 Jahre alten Tierpark ressourcenschonend zu betreiben, ist kein leichtes Unterfangen. Dennoch gelingt es, den Zoo für die Zukunft fit zu machen: mit geschickter Wassernutzung, Sonnenenergie und der Wiederverwendung von Materialien. Selbst der Spielplatz für Kinder hat einen nachhaltigen Effekt.

In der 150-jährigen Geschichte des Zoo Basel wurden zahlreiche Anlagen umgebaut, erweitert, ersetzt und wieder abgebrochen. Ein Beispiel für diesen Wandel befindet sich beim Spielplatz gegenüber der Affenanlage. Dort stand von 1932 bis 2010 die Bärenanlage, und heute ist das einzige Überbleibsel aus dieser Zeit ein gut verstecktes Bodentor am Abhang des Spielplatzes. Dort zieht Pinkas Kopp, Leiter Bau und Unterhalt, die schwere Metalltür auf und steigt die Treppe hinab in den Keller. Dass dieser Keller erhalten geblieben ist, hat laut Kopp einen guten Grund: Hier fördert eine Pumpe Grundwasser aus dem Boden, und zwar seit 1932. Damals hatte die Bauherrschaft nämlich entschieden, die Wasserbecken der Bärenanlage mit Grundwasser statt mit Trinkwasser zu füllen und die Grundwasserpumpe direkt unter der Bärenanlage einzurichten.

Glücksfall Grundwasser

Wie zukunftsorientiert dieser Entscheid war, zeigt sich am 2023 sanierten Vogelhaus: Auch da setzte man – 91 Jahre nach dem Bau der Bärenanlage – auf Grundwasser. Wo kein Trinkwasser nötig ist, liefert die Grundwasserpumpe das Wasser. Es kühlt auch die Maschinen und fliesst anschliessend in die vielen Weiher des Zoos. Diese Mehrfachnutzung erlaubt es, zugleich Trinkwasser und Energie zu sparen.

Diesen Zugang zum Grundwasser bezeichnet Pinkas Kopp als «absoluten Glücksfall», der es ihm sehr viel leichter mache, den Zolli energieeffizienter und nachhaltiger zu betreiben. Denn in einem Zoo Energie zu sparen, ist nicht so einfach: Manche Tieranlagen müssen beheizt, andere gekühlt werden, und es braucht viel Wasser zum Füllen der Weiher und zum Putzen der Ställe.

Über zwei Millionen Kilowattstunden Strom pro Jahr sind zudem notwendig, um den über 9000 Tieren optimale Lebensbedingungen zu bieten. Und doch kann der Zoo seinen ökologischen Fussabdruck laufend senken: dank der mehrmaligen Nutzung von Grundwasser, besser gedämmten Häusern und der Sensibilisierung seiner Mitarbeitenden.

Bei den Bemühungen um Nachhaltigkeit spielt auch Solarenergie eine wichtige Rolle. So produzieren heute Photovoltaikanlagen auf den Dächern des Elefantenhauses, des Nashornhauses und der Schreinerei grünen Strom. Auch das zooeigene Wohnhaus an der Oberwilerstrasse wurde 2022 mit einer Photovoltaikanlage auf Dach und Fassade ausgerüstet. Aus der Fachwelt erhält dieser Bau viel Anerkennung.

Mehr als ein Spielplatz

Zurück zum Spielplatz auf der ehemaligen Bärenanlage, wo die Grundwasserpumpe im Untergrund unentwegt arbeitet. Die Kinder sehen von hier aus auf die Aussenanlage der Menschenaffen, wo vielleicht gerade ein Schimpanse ein paar Blättchen von den Futterästen zupft. Und selbst diese werden mehrfach genutzt: Wenn die Tiere die Äste kahlgefressen haben, sammeln die Zolli-Gärtner sie ein und lassen sie mit dem restlichen Grünschnitt aus dem Garten zu Häcksel verarbeiten. Diesen übergeben sie den Industriellen Werken Basel, die daraus Fernwärme und als Nebenprodukt Pflanzenkohle herstellen – welche wiederum zur Verbesserung des Bodens rund um das Vogelhaus Verwendung findet. So schliesst sich der Kreis.

Auch dem Spielplatz selbst liegt ein Nachhaltigkeitsgedanke zugrunde. Wer genau hinschaut, erkennt nämlich Parallelen zwischen den Spielkonstruktionen für Kinder und den Kletter- und Beschäftigungselementen für Affen. Beim Spielen bekommen die Kinder ein Gefühl für die Fähigkeiten der Menschenaffen und staunen darüber, wie leichtfüssig die Tiere einen verknoteten Strick hinaufklettern und wie schwierig das für uns Menschen ist. Respekt und Bewunderung für die Tiere lassen sie im besten Fall zu Menschen heranwachsen, denen der Natur- und Artenschutz am Herzen liegt. Wenn das mal nicht nachhaltig ist.

Wo heute Kinder an Seilen turnen, tollten früher Bären in der Bärenanlage umher. Die Spielgeräte auf dem Spielplatz sind den Klettermöglichkeiten nachempfunden, welche die Menschenaffen auf der Aussenanlage vis-à-vis zur Verfügung haben.

35 Mitbringsel Rüstabfälle

Der lange Weg zum Fütterungsverbot

Altes Brot, Käserinden, Rüstabfälle: Das Füttern von Tieren war im Zoo Basel bis in die 1950er-Jahre erlaubt – und problematisch. Immer wieder starben Tiere an Magenentzündung und Überfütterung.

Wenn die Grant-Zebras auf der Aussenanlage ihr Heu erhalten, muss ihr Pfleger für jedes Tier einen eigenen Heuhaufen parat machen – plus einen Zusatzhaufen für den Fall, dass ein rangniedriges Zebra von einem ranghöheren von seinem Haufen verdrängt wird und ausweichen muss. Die Haufen liegen so weit auseinander, dass jedes Tier in Ruhe fressen kann und kein Zebra leer ausgeht. Auch ihr Kraftfutter erhalten die Zebras in einem kontrollierten Umfeld. Jedes Tier kommt separat in seine Box und bekommt dort die Ration Futterwürfel, die ihm zusteht.

Dass Zootiere mit der Menge und Qualität an Nahrung versorgt werden, die für ihre Gesundheit optimal ist, ist heute im Zoo Normalität. Tierärztin Fabia Wyss schreibt für jede Tierart Futterpläne und tauscht sich regelmässig mit einem Futtermittelproduzenten in Kaiseraugst aus, der für den Zolli das Kraftfutter herstellt. So können Vitamin- und Nährstoffgehalt genau auf die Tierart abgestimmt und in den richtigen Mengen verabreicht werden.

Wenn die ‹Montagskrankheit› zuschlägt

Ein Blick zurück in der Geschichte des Zoo Basel zeigt, dass es bis zur kontrollierten, vollwertigen Zootierernährung ein langer Weg war. Bis nach dem Zweiten Weltkrieg war es üblich, dass die Tiere zusätzlich zum Futter vom Publikum alle möglichen Essensreste zugesteckt bekamen. Auch während des Krieges war die Fütterung alles andere als optimal, denn wegen der Rationierungsmassnahmen musste man Brot durch Futterkartoffeln ersetzen und das Kriegsernährungsamt um die Überlassung verdorbener Ware bitten, die für den menschlichen Verzehr nicht mehr geeignet war. Als nach Kriegsende die Besucherzahlen wieder stark zunahmen, wurde die Fütterung durch das Publikum je länger, je mehr zum Problem.

Das Füttern schuf Momente der Nähe zwischen Mensch und Tier, wie die Aufnahme aus den 1950er-Jahren zeigt. Bis 1960 war die Tierfütterung im Zoo Basel erlaubt.

Zoodirektor Heini Hediger klagte 1953 in einem Zeitungsartikel: «Bei uns in Basel herrscht (...) die üble Gewohnheit, dass oft während der ganzen Woche Küchenabfälle im Papiersack bis zum Sonntag aufbewahrt und dann den Tieren im Zoo vorgeworfen werden. Die Sonntage sind bei uns immer die gefürchtetsten; am Montag müssen wir jeweilen die Folgen der Zucker- und Abfallfütterung feststellen und kurieren. Schlechter Salat, schimmlige Käserinde, verpilztes Brot usw. sind auch für Tiere gefährlich! Wieviel Verluste und Verdauungsstörungen liessen sich vermeiden, wenn die Basler aufhören würden, Abfälle zu füttern!»

Tatsächlich starben immer wieder Tiere an Magenentzündungen und Überfütterung, und unter den Angestellten sprach man sogar von der ‹Montagskrankheit› der Tiere.

Der ‹Wackernagel-Würfel›

Dass sich Zoodirektor Hediger gerade in den 1950er-Jahren über die Missstände beklagte, war kein Zufall. Nach dem Zweiten Weltkrieg setzte sich die Überzeugung durch, dass Zootiere eine vollwertige Ernährung brauchen, die sowohl den Nährstoffbedarf optimal deckt als auch das Verhalten der Tiere bei der Nahrungssuche berücksichtigt. Federführend war dabei der Biologe Hans Wackernagel, der 1956 im Zoo Basel eine Stelle als wissenschaftlicher Assistent antrat. Er entwickelte im Austausch mit Fachleuten eine Futtermischung, welche die Hauptnahrung der Tiere bilden sollte.

Es waren Kraftfutterwürfel, die ein bestimmtes Verhältnis von Kohlenhydraten, Eiweissen, Fetten, Mineralien, Ballaststoffen und Vitaminen aufwiesen. Die ‹Wackernagel-Würfel›, wie man sie im Zolli nannte, hatten den Vorteil, dass sie die Tiere mit der immer gleichen Nährstoffmenge versorgten und sich als gepresste, trockene Futterwürfel gut lagern liessen.

Der systematischen wissenschaftlichen Herangehensweise von Hans Wackernagel stand jedoch das Verhalten des Basler Publikums entgegen. Es konnte sich nur schwer abgewöhnen, seinen Lieblingen immer wieder einen Apfel zuzustecken oder ein Stück altes Brot zu geben. Also suchte der Zolli nach einem Kompromiss und verkaufte ab 1956 eigens hergestellte Tier-Biscuits, die in Tüten abgefüllt an diversen Kiosks im Garten erhältlich und als Futter erlaubt waren. Die Baslerinnen und Basler zeigten sich jedoch wenig erfreut ob dieser Änderung und missachteten die Regeln hartnäckig. Der Zolli gab sogar Rezeptsammlungen heraus, wie das alte Brot im eigenen Haushalt verwendet werden könnte. Doch die besten Rezepte für Brotsuppe, Brotauflauf, Vogelheu und Ramequins nützten nichts – bis dem Zolli nichts anderes übrigblieb, als 1960 ein totales Fütterungsverbot zu erlassen.

Zwischen 1956 und 1960 gab es im Zolli spezielle Tier-Biscuits zu kaufen. Man wollte dem Publikum das Füttern nicht ganz verbieten und hielt es dazu an, ausschliesslich diese gesunde Variante zu verfüttern.

n Kiosken
futter
r hier abgeben
e beachten
ter mehr mitbrin
en Dank!
onner aux ani
ture que celle
ques
ci la nourritu
la defense de
certains
Merci!
r Tierfut

36 Pediküre unter Vollnarkose Tiermedizin im Zoo

Die Patienten brüllen, fauchen und beissen, sind riesig gross oder winzig klein: Das Tierärzte-Team im Zoo Basel behandelt über fünfhundert verschiedene Tierarten. Um sie gesund zu erhalten, braucht es oft unkonventionelle Ideen. Auch im Fall von Flusspferdbulle ‹Wilhelm›.

Es ist mittlerweile nicht mehr zu übersehen, dass ‹Wilhelm› hinkt. Der Flusspferdbulle hat an den Fusssohlen rissige Hornhaut, die beim Auftreten schmerzt. Er braucht eindeutig eine Fussbehandlung. Doch wie funktioniert diese bei einem Tier, das über zwei Tonnen schwer ist? Hierauf Antworten zu finden, gehört zu den täglichen Herausforderungen von Zootierärztin Fabia Wyss und Zootierarzt Christian Wenker. Bei ihren Patienten steht die richtige Behandlung selten in einem Lehrbuch. So auch bei ‹Wilhelm›. Zur Pflege seiner Füsse ist eine Narkose nötig. Doch die Betäubung eines Flusspferdes ist heikel, weil die Tiere aufgrund des einsetzenden Tauchreflexes in Narkose minutenlang den Atem anhalten können. Dazu ist der Puls äusserlich kaum zu fühlen und das Herz mit dem Stethoskop nicht hörbar und deshalb schwer erkennbar, ob der Patient überhaupt noch lebt.

Ebenso schwierig ist die richtige Dosierung des Narkosemittels, denn ‹Wilhelms› Gewicht ist sein Geheimnis. Flusspferde können nicht wie Elefanten oder Giraffen auf eine Waage gelockt werden. Wie so oft im Zolli braucht es zur Lösung des Problems eine unkonventionelle Idee. Eine solche hat Tierpfleger Bruno Stöckli: Er misst beim Wasserbecken im Flusspferde-Haus den Wasserstand mit und ohne ‹Wilhelm› im Becken. Dann lässt Stöckli so lange Wasser nachlaufen, bis der vorige Stand erreicht ist. Mit einem Literzähler aus dem Vivarium misst er eine Auffüllmenge von 2100 Litern Wasser. In der Annahme, dass ein Liter ‹Flusspferd› etwa einem Liter Wasser und damit einem Kilo entspricht, kann Stöckli ‹Wilhelms› Gewicht auf rund 2100 Kilo oder 2,1 Tonnen schätzen.

Betäubung vor der Operation: Das per Blasrohr verabreichte Narkosemittel beginnt bei Flusspferdbulle ‹Wilhelm› nach fünf bis zehn Minuten zu wirken.

Grosseinsatz im Flusspferdestall

Am Tag des Eingriffs sind über zehn Personen im Stall: Tierarzt und Tierärztin, Tierarzthelferinnen, Tierpfleger und Schreiner. Die Schreiner sollen ‹Wilhelm› im Notfall mit Gurten, Schleppmatten und hydraulischen Geräten bewegen. Im Stall schiesst Tierärztin Fabia Wyss dem Flusspferd drei Narkosepfeile hinters Ohr, weil nur dort die Haut dünn genug ist. ‹Wilhelm› legt sich benommen auf den Bauch und rollt zur Seite, sein Kopf kommt knapp vor einer Wand zu liegen. So war das nicht geplant, denn eigentlich sollte ein Beatmungsschlauch durch das geöffnete Maul in die Luftröhre geschoben werden. Doch nun ist die Wand im Weg. Beim Versuch, ihn zur Seite zu rollen, wird der Flusspferdbulle unruhig. Also muss es ohne Beatmung und mit wenig Kontrolle gehen.

Jetzt ist Arbeitsteilung gefragt: Fabia Wyss ist für die Überwachung der Narkose zuständig. Der Pulsoximeter, der die Sauerstoffsättigung im Blut messen soll, wird ‹Wilhelm› ans Ohr geklemmt. Weil seine Haut aber stark pigmentiert ist, funktioniert dieser nicht, denn der Clip muss das Gewebe durchleuchten können. Als die oberste Hautschicht am Ohr mit einer Skalpellklinge etwas abgekratzt wird, kann die Überwachung beginnen. Eine auf den Augendeckel geklebte Sonde zeigt ‹Wilhelms› Puls an. Es ist alles in Ordnung, auch die Atmung geht regelmässig: ‹Wilhelm› holt zwar nur einmal pro Minute Luft, aber damit ist das Tierärzte-Team zufrieden.

Christian Wenker nimmt sich ‹Wilhelms› Hinterfüsse an und trägt mit einem Hufmesser Schicht für Schicht der Hornhaut ab. Die rissigen Stellen schneidet er heraus, denn diese neigen zu Entzündungen und verursachen die Schmerzen. Als nach einer knappen Stunde alles erledigt ist, erhält ‹Wilhelm› eine dicke Schicht Salbe auf die Füsse gestrichen und bekommt ein Gegenmittel gespritzt. Rund eine halbe Stunde später läuft er schon wieder über die Anlage – auf wohlgepflegten Füssen und hoffentlich schmerzfrei!

Ein Eingriff wie bei Flusspferd ‹Wilhelm› gehört zu den planbaren Aufgaben des Tierärzte-Teams. Diese grossen Einsätze sind aufwendig und erfordern viel Vorbereitung. Damit die Tiere gar nicht erst krank werden, ist der Alltag der Zootierärzte aber auch von präventiven, weniger spektakulären Aufgaben geprägt. Dazu gehören die erwähnten Futterpläne, die Mitarbeit bei der Planung neuer Tieranlagen, die Zusammensetzung geeigneter Tiergruppen, die Durchführung von Parasitenkontroll- und Impfprogrammen und Quarantäne-Untersuchungen bei Neuankömmlingen.

Wundpflege im Vivarium

Fabia Wyss und Christian Wenker verarzten aber auch jeden Tag zahlreiche Tiere, die spontan ihre Hilfe benötigen. Sie wechseln sich im Klinikdienst ab und kümmern sich um die akuten Fälle. Jeweils am Morgen lesen sie die Tagesrapporte der Tierpflegenden und schauen, wo sie gebraucht werden. Christian Wenker fährt mit dem Tierarztvelo an diesem Morgen zuerst zum Kinderzolli, wo eine Zwergziege über Nacht Drillinge geboren hat. Drillingsgeburten sind kritisch, weil die Jungtiere klein und geschwächt sein können. Der Tierarzt spritzt den Neugeborenen, von denen zwei sehr schwach sind, eine Glukoselösung unter die Haut, um sie beim Start ins Leben zu unterstützen. Den Rest müssen sie alleine schaffen, da lässt der Zolli die Natur gewähren.

Der nächste Patient wartet im Vivarium. Dort haben sich zwei Wickelschwanzskinke in die Haare respektive in die Schuppen gekriegt. Einer der beiden ist verletzt. Christian Wenker säubert und desinfiziert die Wunde, ohne sie jedoch zu nähen. Eine offene Wunde hat den Vorteil, dass Blut und Wundsekret gut abfliessen und sich keine Bakterien vermehren können. Weil Reptilien eine langsamere Wundheilung haben als andere Tiere, ist bei deren Wundpflege immer besondere Sorgfalt und Geduld notwendig.

Reisevorbereitung für Varis

Fabia Wyss hat an ihrem Kliniktag als Erstes mit zwei Gürtelvaris zu tun. Sie reisen bald in einen Zoo in Frankreich und benötigen dafür einen Gesundheitscheck. Mit dem Fangnetz in der Hand waten Tierarzthelferin, Tierärztin und Pflegerin durchs Wasser auf die Vari-Insel und bringen die zwei Varis in die Tierarztstation. Das erste Tier hat gleich beim Einfangen eine Narkosespritze erhalten und schläft schon, während das zweite in einer Box wartet. Wyss nimmt Blut, kontrolliert die Zähne, misst das Gewicht, röntgt den Brustkorb und macht einen Tuberkulintest.

Weiter geht's ins Elefantenhaus. Dort sind nebst den Elefanten auch zwei Rüsselhündchen zu Hause, und eines von ihnen hinkt. Der Tierpfleger hat beobachtet, dass das Männchen sein rechtes Hinterbein kaum mehr belastet. Er vermutet, dass Raufereien zwischen dem Paar zur Verletzung geführt haben. Dies würde auch die kahlen Stellen im Fell des Männchens erklären. Fabia Wyss verschreibt fürs Erste ein Schmerzmittel mit entzündungshemmender Wirkung. Das Rüsselhündchen wird das Medikament mit dem Nachmittagsfutter erhalten, unauffällig in einer Schabe versteckt. Zuerst muss Wyss aber klären, welche Dosis ihr Patient braucht. Allzu viel dürfte es bei 500 Gramm Körpergewicht nicht sein.

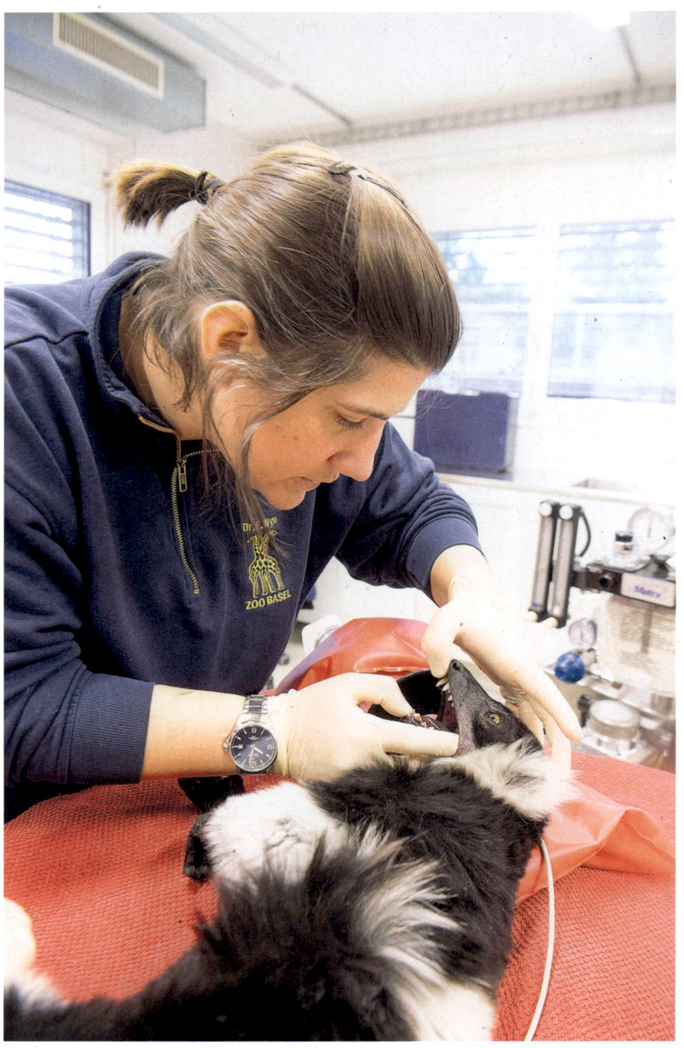

Zootierärztin Fabia Wyss überprüft die Zahngesundheit eines Vari.

Zootierarzt Christian Wenker verarztet
einen verletzten Wickelschwanzskink.

Für die Fussbehandlung von Flusspferdbulle
‹Wilhelm› braucht es vereinte Kräfte.

37 «Wir sind alle ein bisschen verrückt»

Ein Tierpfleger über seine Arbeit

Rund achtzig Tierpflegerinnen und Tierpfleger kümmern sich im Zolli um das Wohl der Tiere. Oft sind sie schon von Kindesbeinen an in eine Tierart vernarrt und haben ein immenses Wissen. Reptilienpfleger Christoph Studer bereiten Schlangen, Echsen, Schildkröten und Krokodile die reinsten Glücksgefühle.

«Sind sie nicht wunderschön? Mit ihrem Farbverlauf von Grün zu Rot? Für mich sind die Krokodiltejus einfach wunderbare Tiere! Ganz besonders ist ihre geteilte Zunge: Mit dieser züngeln sie unentwegt und nehmen mit den beiden Zungenspitzen Gerüche wahr. Durch die Nase atmen sie nämlich nur, Schmecken und Riechen hingegen geht über die Zunge. Wenn sie die Zungenspitze am Gaumen abstreichen, nimmt dieser die Gerüche wahr und merkt, ob ein Geruch interessant ist und ob sie eher nach links oder rechts gehen sollen. Wir haben diese Tiere hier im Zolli erstmals im Sommer 2022 gezüchtet, und seither schlüpfen sie regelmässig. Im Juli 2020 erhielten wir aus dem Tiergarten Schönbrunn in Wien zwei prächtige junge Paare vom dortigen Kurator und Krokodilteju-Kenner Toni Weissenbacher. Er gilt als die Koryphäe in der Haltung dieser seltenen Echsenart, und weil die Tiere lateinisch *Dracaena guianensis* heissen, hat er in Fachkreisen den Übernamen ‹God of Dracaena›.

Wie immer, wenn wir eine neue Tierart halten, müssen wir uns umfassend informieren. Wie sieht der Lebensraum der Tiere aus? Wie sind Temperatur und Luftfeuchtigkeit? Gibt es jahreszeitliche Schwankungen? Welche technischen Hilfsmittel brauchen wir, um die Bedürfnisse der Tiere optimal zu decken? Das sind nur einige der zahlreichen Fragen, auf die wir Antworten finden müssen. Wichtig ist auch die Nahrung: Was fressen die Tiere und wo beschaffen wir das Futter? Im Falle der Krokodiltejus sind es Schnecken, vorzüglich tropische Achatschnecken. Wir bekommen diese unter anderem von unseren Kollegen aus dem Papiliorama in Kerzers. Dort sind sie im Überfluss vorhanden und sie sammeln sie für uns ein.

Es ist immer eine Herausforderung und ein grosses Vergnügen zugleich, die Haltung einer neuen Tierart zu planen. Mir kommt dabei sicher die Erfahrung zugute, die ich aus über vierzig Jahren Reptilienhaltung mitbringe.

Sorgsame Betreuung: Tierpfleger Christoph Studer füttert einen Krokodilteju mit Achatschnecken.

Ich besuchte mit meinen Eltern schon als Knirps liebend gerne das Vivarium im Zolli und hatte als Fünfjähriger die ersten Leopardgeckos zu Hause. Ich wollte immer Tierpfleger werden, doch man hat mir erst von diesem Beruf abgeraten. Also habe ich eine Lehre als Maler gemacht und als Hobby Reptilien gehalten.

Als ich 2011 schliesslich in den Zolli kam und die Tierpflegerausbildung machen konnte, wurde für mich ein Traum wahr. Erst recht, als ich drei Jahre später den Reptiliendienst als Hauptpfleger übernehmen konnte. In dieser Position war ich neu auch dafür mit verantwortlich, welche Tiere wir anschaffen und wie wir die Terrarien gestalten. Es ist mir eine Herzensangelegenheit, diese so herzurichten, dass die Bedürfnisse meiner Pfleglinge vollends erfüllt werden. Und dass sie in einer Bepflanzung hausen können, die ihr Herkunftsgebiet übersetzt. Dem Zoopublikum die Tiere auf diese Weise näherbringen zu können, fasziniert mich.

Ich habe das grosse Glück, dass ich mein Hobby zum Beruf machen konnte. Auch wenn es mich hier einmal länger als bis fünf Uhr abends braucht, ist das kein Problem. Für mich steht das Wohl der Tiere an oberster Stelle. Wer im Zoo arbeitet, ist sowieso immer mit einem Bein im Zoo! Wir sind hier alle im positiven Sinne ein bisschen verrückt. Man fragt sich immer, wo sich noch etwas verbessern liesse oder ist gespannt, ob eine Nachzucht gelingt.

Als wir 2022 die Eier der Krokodiltejus im Inkubator ausgebrütet haben, waren das lange fünf Monate, bis sie geschlüpft sind. In der Zeit haben wir die Eier vermessen und gewogen und immer wieder Fotos zur Beurteilung nach Wien geschickt. Gegen Ende war die Spannung sehr gross und die Vorfreude auf den kommenden Schlupf noch grösser. Ich war dabei, als das erste Jungtier seinen Kopf aus dem Ei gestreckt hat und habe Kurator Fabian Schmidt sofort eine Nachricht mit dem Ausruf ‹Heureka!› geschickt. Nur wenig später stand er in der Tür mit der Frage: ‹Und? Sind sie da?› Das ganze Vivarium-Team ist zusammengekommen, um einen Blick auf die Schlüpflinge zu werfen. Wir sind hier im Vivarium fast ausgeflippt vor Freude!»

38

Aha-Effekt garantiert

Führungen zeigen neue Seiten des Zolli

Etwa 25 000 Menschen folgen jedes Jahr einem geführten Rundgang durch den Zoo Basel. Simone Schweizer ist Teil des Guide-Teams. Sie erzählt, warum jede Führung anders ist und weshalb sie auch schon angebrüllt wurde.

«Ich erinnere mich, als wäre es gestern gewesen. Ich stand an der Reling des Antarktisschiffs, auf dem ich als Reisebegleitung arbeitete, und wollte kommentieren, was wir gerade sehen. Als wir aber an den endlosen Stränden vorbeifuhren, auf denen sich hunderttausende Königspinguine aneinanderdrängten, da versagte mir kurz die Stimme. Ich hatte für meine Masterarbeit das Brutverhalten von Pinguinen im Zoo Basel und in anderen Zoos untersucht. Die Vögel mit eigenen Augen in ihren riesigen Kolonien zu sehen, war überwältigend schön.

Schon als Kleinkind war ich oft mit meinen Eltern im Zolli. Hier verfestigte sich meine Liebe zu den Tieren und zur Natur, und so war es für mich völlig klar, Biologie zu studieren. Als nach dem Studium eine Stelle als Zolli-Guide ausgeschrieben war, musste ich nicht lange überlegen.

Wir Zolli-Guides halten pro Jahr rund tausend Führungen. Neben Rundgängen durch den Zoo oder durch einzelne Häuser bieten wir auch thematische Führungen an, etwa zu ‹Kommunikation im Tierreich› oder zur Evolution. Alle Guides arbeiten ihre eigenen Führungen aus, es gibt kein offizielles Skript. Bei einem Rundgang durchs Affenhaus bekommt man bei mir also etwas ganz anderes zu hören als bei einer Kollegin.

Damit wir nah am Zooalltag bleiben, machen wir Guides immer wieder Schnuppertage in den Tierdiensten. Ich war schon an diversen Orten, etwa im Vivarium, bei den Kleinaffen oder den Raubtieren. Als mich einmal eine Löwin hinter den Kulissen laut anbrüllte, war das ein eindrücklicher Moment. Solche Erfahrungen geben mir aber auch ein Gefühl dafür, wie es ist, im Zolli zu arbeiten und wie der Alltag von Tierpflegerinnen und Tierpflegern aussieht – was ich wiederum in eine Führung einfliessen lassen kann.

Manchmal gibt es Anfragen für ganz spezifische Themen. Einmal wünschte sich eine Wirtschaftsorganisation einen englischsprachigen Rundgang zu ‹Animal Leadership›, also zu Führungsstilen im Tierreich. Ich überlegte mir zunächst mögliche Anknüpfungspunkte und fand sie beim ‹Alphatier›, einer Führungsmetapher aus der Wirtschaftswelt. Sie hat ihren Ursprung bei Tieren wie den Gorillas, bei denen der Silberrücken meist das einzige männliche Mitglied der Gruppe ist und den ‹Harem› anführt. Er macht dies mit ruhiger Dominanz, in der Aggression eine untergeordnete Rolle spielt. Ganz anders ist dies bei den Schimpansen, wo sich das ‹Alphamännchen› stets aufs Neue beweisen muss und sich aggressiv in Szene setzt. Als Gegenbeispiel ging ich auf die Sozialstruktur der Elefanten ein, wo eine ältere, sehr erfahrene Matriarchin die Herde leitet und wichtige Entscheidungen fällt. Als Schnittmenge dieser beiden Führungsstile thematisierte ich die sozialen Afrikanischen Wildhunde, bei denen ein ‹Alphapaar› das Rudel anführt und sich als Einziges in der Gruppe fortpflanzt. Den Abschluss machten schliesslich die Termiten, die in einem Königsstaat leben, der nur so lange erhalten bleibt, wie das Königspaar lebt.

Der Zolli tritt uns Guides gegenüber zum Glück nicht so autoritär auf wie ein Silberrücken gegenüber seiner Gruppe. Wir haben weitgehend freie Hand, was die Ausgestaltung unserer Führungen anbelangt. So ist es mir persönlich sehr wichtig, immer wieder aufzuzeigen, wie viel der Zoo zum weltweiten Natur- und Artenschutz beiträgt. Wann immer möglich, weise ich auf die Naturschutzprojekte hin, die der Zolli unterstützt.

Etwas anderes, das für mich bei den Führungen zunehmend wichtig wird, ist der Kampf gegen falsche Informationen. Ich begegne bei Führungen immer wieder Personen, die ihre eigenen menschlichen Bedürfnisse auf die Tiere übertragen und so falsche Schlüsse ziehen. Ein Beispiel sind die Königspinguine, die auf ihrer Anlage oft eng beieinanderstehen. Weil das auf manche Menschen beklemmend wirkt, denken sie, dass es auch den Pinguinen unwohl sein müsse. In diesem Fall erzähle ich von meinen Beobachtungen in der Antarktis und zeige Fotos, die ich dort gemacht habe. Darauf sieht man, dass Königspinguine selbst in der Natur, wo massenhaft Platz vorhanden wäre, ganz nah zusammenrücken. Diese Nähe ist bei ihnen besonders während der Brutzeit ein tief verwurzeltes Bedürfnis. Ich hoffe, dass ich den Leuten dadurch näherbringen kann, dass Tiere ihre eigenen Bedürfnisse haben, die sich selten mit unseren menschlichen Vorstellungen und Wünschen decken.»

Zoo-Guide Simone Schweizer hat für ihre Masterarbeit in Biologie das Brutverhalten von Pinguinen studiert – unter anderem im Zoo Basel.

39 Von Basel in die ganze Welt

Nachzuchten aus dem Vivarium

London, Berlin, Lissabon: In vielen europäischen Aquarien schwimmen Tiere aus dem Vivarium. Hier scheint man für schwierige Nachzuchten ein gutes Händchen zu haben – und viel Erfahrung.

Wenn es auf dieser Welt irgendwo Frieden gibt, dann in der purpur-grünen Unterwasserwelt des Schaubeckens 45. Seine Bewohner, die Kurzschnäuzigen Seepferdchen, sind womöglich die tolerantesten Tiere überhaupt. Ob Männchen, Weibchen, Junge oder Alte, sie können problemlos gemeinsam in einem Becken gehalten werden. Dass dies in der Unterwasserwelt keine Selbstverständlichkeit ist, demonstriert der Imperator-Kaiserfisch im Schaubecken 21. Er ist so territorial, dass er selbst seine eigenen Jungtiere nur deshalb akzeptiert, weil sie eine völlig andere Färbung aufweisen und er sie nicht als Artgenossen erkennt.

Die Kurzschnäuzigen Seepferdchen sind friedfertig und unkompliziert in der Haltung, aber komplex in der Zucht. Während nur wenige Zoos in Europa damit Erfolg haben, gelingt dem Vivarium die Nachzucht schon seit Jahren. Auch viele andere Zuchterfolge ziehen sich seit der Eröffnung des Vivariums im Jahr 1972 durch seine Geschichte. 1975 war der Zoo Basel einer der ersten Zoos in Europa, der Piranhas züchten konnte. Zehn Jahre später feierte man Erfolge in der Quallenzucht, und auch bei den heiklen Königspinguinen kommt regelmässig Nachwuchs zur Welt. In Basel geborene Tiere und deren Nachkommen leben heute in Zoos und Aquarien von Berlin bis Singapur. Wie schafft es das vergleichsweise kleine und über fünfzig Jahre alte Basler Vivarium, solche Erfolge vorzuweisen?

Die Kurzschnäuzigen Seepferdchen sind im Mittelmeer und im Ostatlantik verbreitet. Die Bestände sind wegen Lebensraumverlust, Fischerei und illegalem Handel unter Druck.

Kein Aufwand zu gross

Erste Antworten gibt ein Besuch bei der Tierpflegerin Rahel Lavater. Sie leitet seit 1999 einen der vier Tierdienste im Vivarium und hat schon tausende Seepferdchen, Quallen und andere Meerestiere nachgezüchtet. Lavater führt uns in einen der Aufzuchträume hinter den Kulissen und zeigt auf ein Aquarium, in dem Dutzende winzig kleine, fast durchsichtige Seepferdchen treiben. Sie seien just an diesem Morgen geboren worden, erzählt sie, und zwar von einem Männchen. Bei den Seepferdchen werden nämlich die Männchen schwanger und gebären die Jungtiere nach rund drei Wochen. Gegen fünfzig Stück sind diesmal zur Welt gekommen, was zunächst nach viel klingt. Doch in der Welt der Fische, wo manche Arten zehntausende Eier produzieren, ist das wenig. Die vergleichsweise geringe Anzahl mache die Zucht von Seepferdchen so schwierig, führt Lavater aus. «Damit es wenigstens ein paar Tiere ins Erwachsenenalter schaffen, müssen Wasserqualität, Temperatur, Licht und alle anderen Umweltfaktoren gut aufeinander abgestimmt sein.»

Damit die Nachzucht gelingt, betreiben Rahel Lavater und ihre Kollegen und Kolleginnen einen immensen Aufwand. Sie transferieren die Jungtiere aus dem Eltern- in ein Aufzuchtbecken, weil die Jungtiere die Wasserzusammensetzung im Elternbecken nicht gut vertragen. Dort gibt es einmal pro Tag einen Wasserwechsel, damit die Wasserqualität stimmt. Die Arbeit erfolgt von Hand, denn bei einer Maschine wäre das Risiko zu gross, dass die automatische Filteranlage die winzigen Tierchen einsaugt und tötet. Auch das Futter züchtet das Vivarium-Team selber; die winzigen Krebse, welche die Jungtiere am liebsten fressen, gibt es nirgends zu kaufen. Wenn man den ganzen Aufwand bedenkt, wird schnell klar, dass hinter den Zuchterfolgen nicht Glück, sondern viel Wissen, Erfahrung und Arbeit steckt.

In die Welt hinaus

Ihr immenses Wissen hat sich Rahel Lavater mehrheitlich selbst angelesen. Vieles basiere aber auch auf Beobachtung, Erfahrung und dem einen oder anderen Rückschlag. Sie tauscht sich auch mit anderen Zoos aus, wenn diese neue Zuchtmethoden entwickeln. So liess sich Lavater 2011 im Tierpark Schönbrunn in Wien im Rahmen eines Praktikums erklären, wie die ‹Planktonkreisel› funktionieren – eine neuere Methode in der Quallenzucht, die seither auch im Vivarium zum Einsatz kommt.

Dieser Austausch und die Bereitschaft, Wissen zu teilen, trägt zu den Zuchterfolgen bei. Tatsächlich nahm die internationale Vernetzung in Basel ihren Anfang. Anlässlich der Eröffnung des Vivariums 1972 fand das Gründungssymposium der EUAC (European Union of Aquarium Curators) statt. Der Verband ist bis heute die wichtigste Vernetzungsorganisation von Kuratorinnen und Kuratoren in der Aquaristik. Er organisiert regelmässig Konferenzen, an denen nicht selten auch der Austausch von Nachzuchten abgesprochen wird.

Ob dereinst auch die noch winzigen Kurzschnäuzigen Seepferdchen in die weite Welt hinausgeschickt werden? Nach zwölf Wochen sind sie so gross, dass sie das Aufzuchtbecken verlassen können. Ein Teil kommt zurück ins Elternaquarium und ein Teil wird an andere Zoos weitergegeben. «Und ein paar kommen ins Schauaquarium», sagt Rahel Lavater. Egal, in welchem Becken sie am Ende schwimmen – eines ist klar: Die bestehenden Tiere werden die Neuzuzüger ohne Probleme aufnehmen.

Im Aufzuchtraum des Vivariums bereitet Tierpflegerin Rahel Lavater die selbstgezüchtete Plankton-Nahrung für die jungen Seepferdchen zu.

MUSEUM
HR GIGER
CH - 1663 GRUYÈRES
Plus

40
Aufbruch in die Zukunft
Wo die Reise hingeht

Zoodirektor Olivier Pagan und Verwaltungsratspräsident Martin Lenz erzählen, wie sich der Zolli in den nächsten 25 Jahren verändern wird – und weshalb er in Zeiten von Klimaerwärmung und Artensterben zunehmend zu einem Rettungsring wird.

Herr Pagan, Herr Lenz, wir befinden uns auf dem Parkplatz des Zoo Basel – einer geteerten Fläche, die für Autos reserviert ist. Ist das wirklich der richtige Ort, um ein Gespräch über die Zukunft des Zoos zu führen?

Martin Lenz: Das ist genau der richtige Ort, denn hierhin wird sich der Zoo in Zukunft ausdehnen. Für einen Zoo mitten in der Stadt ist der Platz beschränkt, und wir haben hier sowie auf der Schutzmatte in Richtung Binningen noch Landreserven. Es laufen Testplanungen, welche Tieranlagen auf den beiden Arealen verwirklicht werden könnten.

Olivier Pagan: Es ist das erste Mal seit 1961, dass der Zoo Basel sein Gelände erweitern kann. Das ist eine grosse Chance. Es ist wunderbar, dass wir den Asphalt dieses Parkplatzes der Natur zurückgeben können. Leider ist es sonst auf der Welt meist umgekehrt.

Was will der Zolli hier umsetzen?

Olivier Pagan: Die Pläne dazu sind wir im Moment noch am Entwickeln. Sicher ist, dass wir auf Themenanlagen setzen werden, welche Zusammenhänge in der Natur thematisieren. So wie es Etoscha, Gamgoas, Tembea und das Vogelhaus bereits tun. Die Zeiten, in denen Zoos Tiere zeigen, ohne sie in einen grösseren Kontext zu stellen, sind vorbei. Wir möchten in Zukunft noch mehr die Lebensräume zum Thema machen.

Zoodirektor Olivier Pagan (links) und Verwaltungsratspräsident Martin Lenz planen die fünfte grosse Erweiterung in der Geschichte des Zoo Basel. Sie umfasst das Gebiet des heutigen Parkplatzes und der Schutzmatte in Richtung Binningen.

Martin Lenz: Welche Lebensräume es sein werden, steht noch nicht fest. Die Tropen wären beispielsweise spannend. Sicher ist hingegen, dass es exotische Tiere sein werden, welche die neuen Anlagen bewohnen. Der Zoo Basel wird sich künftig noch stärker als Exotenzoo positionieren.

Weshalb setzt der Zolli vermehrt auf exotische Tiere?

Olivier Pagan: Als Zoo haben wir das Wissen und die Möglichkeiten, zum Erhalt exotischer Tierarten beizutragen. Eine Stadt oder ein lokaler Naturschutzverein kann das nicht leisten, ihnen fehlt schlicht die Expertise. Zoos hingegen können das.

Martin Lenz: Zugleich erhöhen exotische und charismatische Tiere wie Elefanten oder Löwen die Chance, dass der berühmte Funke überspringt und sich die Menschen für die Tiere und ihren Schutz zu interessieren beginnen. Das ist das, was wir im Zoo tun: Die Besucherinnen und Besucher kommen wegen der Tiere und der Erholung in den Garten und wir sensibilisieren, bilden und begeistern sie quasi ‹en passant›.

Olivier Pagan: Unser Ziel ist erreicht, wenn jeder und jede, die den Zoo verlässt, ein kleines Stückchen klüger und empfänglicher ist für die Herausforderungen und die Wunder der Natur. Das sind bei rund 1,2 Millionen Besucherinnen und Besuchern doch sehr viele Menschen jährlich. Zugleich wird es immer wichtiger, dass Zoos eine Art Rettungsring für aussterbende Tierarten bilden, deren Lebensräume übernutzt oder zerstört sind. Dem weltweiten Zoo-Netzwerk, in das der Zoo Basel eng eingebunden ist, kommt dabei eine zentrale Rolle zu. Kein Staat der Welt kann sich flächendeckend und global um den Erhalt bedrohter Tierarten kümmern – deshalb braucht es die Zoos. Dieser Ansicht ist auch die IUCN, die Internationale Union zur Bewahrung der Natur.

Der Zoo als Rettungsring, das klingt nach Arche Noah …

Olivier Pagan: Ich mag den Begriff der Arche Noah nicht, weil er Wissenschaft und Religion vermischt. Es wäre ausserdem vermessen zu behaupten, dass wir alle Tierarten erhalten können. Ich bevorzuge deshalb den Begriff des Rettungsrings. Wenn wir es gemeinsam mit Naturschutzorganisationen und der Gesellschaft schaffen, die Lebensräume bedrohter Tierarten zu schützen und wieder zu vergrössern, dann können wir die Tierarten, die wir in unserem Rettungsring noch haben, vielleicht wieder ansiedeln.

Bedeutet das, der Zoo Basel wird sich in Zukunft verstärkt dem Naturschutz widmen?

Martin Lenz: Das tut er schon jetzt. Im Zolli hat sich in den vergangenen 150 Jahren ein immenses Wissen zur Zucht und Haltung bedrohter Tierarten angesammelt. Diese Expertise bringen Mitarbeiterinnen und Mitarbeiter in internationalen Gremien zum Schutz der Natur ein. Das Know-how ist zentral, wenn bedrohte Tiere erhalten oder dereinst wieder angesiedelt werden sollen. Zudem engagiert sich der Zolli in zahlreichen Naturschutzprojekten auf der ganzen Welt – und auch hier vor Ort. Denken wir nur an die über dreitausend Tier- und Pflanzenarten, die dank der naturnahen Pflege des Zooareals zwischen den Gehegen einen Lebensraum haben. Der Zoo Basel darf guten Gewissens als Kompetenzzentrum für Tier-, Arten- und Naturschutz bezeichnet werden. Wen sonst kontaktiert man, wenn irgendwo eine Schlange ausbüxt?

Olivier Pagan: Die Behörden kommen auch auf den Zolli zu, wenn am Zoll bedrohte Tierarten konfisziert werden, die eine fachgerechte Haltung brauchen. Oder es wenden sich unzählige Schülerinnen und Schüler sowie Studierende an den Zolli, die sich für den Artenschutz interessieren oder in diesem Bereich forschen möchten. In den vergangenen Jahrzehnen hat beim Sinn und Zweck von Zoos ein Paradigmenwechsel stattgefunden: Zoos sammeln nicht mehr Tiere, um möglichst viele von ihnen zeigen zu können, sondern sie züchten und erhalten sie. Das ist wichtig! Die Natur in ihrer Gesamtheit muss weiter bestehen, und dazu kann der Zoo Basel einen Beitrag leisten. Das ist mir als Direktor ein grosses Anliegen. Denn so sehr, wie ich am Anfang dieses Buches geschrieben habe: «Zolli, i lieb di!», gilt dies auch für die Natur als Ganzes.

Wenn die Autos samt Strassenbelag dereinst verschwunden sind, gewinnt der Zolli für die Tierhaltung eine Fläche von rund 6000 Quadratmetern hinzu.

Anhang

Legenden der Panoramabilder

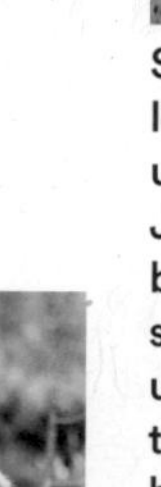

S. 1: Die Minipigs im Kinderzolli spazieren jeden Morgen vom Stall ins Aussengehege und am Abend wieder zurück.

S. 2–3: Der Zoo Basel umfasst eine Fläche von elf Hektaren. Bei seiner Eröffnung 1874 war er um volle zwei Drittel kleiner.

S. 8–9: Auf dem Zoo-Areal leben mehrere Eichhörnchenpaare. Dank der parkähnlichen Landschaft fühlen sie sich hier wohl. Sie können bis zu sechs Meter weit springen und in der Luft sogar die Richtung ändern.

S. 12–13: Der Pinguinspaziergang findet im Winter bei Temperaturen unter 10 Grad statt. Er fördert das Herz-Kreislauf-System, die Beweglichkeit und den Muskelaufbau der Königspinguine und ist vor allem bei Kindern sehr beliebt.

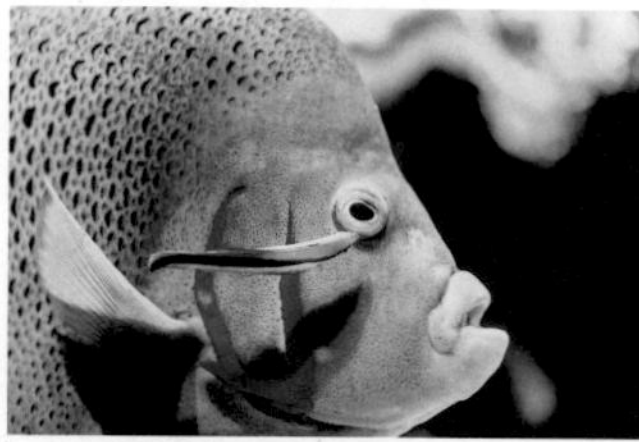

S. 14–15: Der Koran-Kaiserfisch lebt in tropischen Korallenriffen und verteidigt sein Territorium. Junge Kaiserfische sind unscheinbarer gefärbt als die Erwachsenen. So werden sie geduldet und nicht aus dem Revier vertrieben. Der kleine Putzerfisch befreit den Koran-Kaiserfisch selbst am Auge von Parasiten und abgestorbener Haut.

S. 16–17: Der Rosa-Anemonenfisch lebt in Symbiose mit der Seeanemone und zieht sich bei Gefahr zwischen ihre giftigen Nesselarme zurück. Dank einer speziellen Schleimschicht auf den Schuppen unterscheidet ihn die Anemone nicht von ihren eigenen Fangarmen. Die Seeanemone wiederum ernährt sich von den Nahrungsresten des Anemonenfischs.

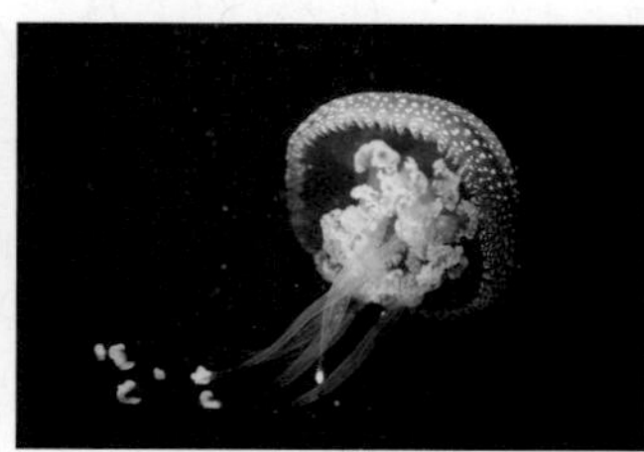

S. 22–23: Das Gift der Gepunkteten Wurzelmundqualle wirkt mild und ist für Menschen ungefährlich.

S. 24–25: Goldbrassen können ihr Geschlecht umwandeln: Sie schlüpfen als Männchen und werden etwa im Alter von zwei Jahren zu Weibchen. Etwa fünf Prozent aller Tierarten sind Hermaphroditen und produzieren in ihrem Leben sowohl Spermien als auch Eier.

S. 26–27: Jeden Morgen verteilen die Zolli-Gärtner rund eine Tonne Gras an die Tiere. Es wird von Frühling bis Herbst täglich frisch von einem Bauern aus dem Leimental geliefert.

S. 34–35: Die Trächtigkeit beim Westlichen Grauen Riesenkänguru dauert nur dreissig Tage. Dann legt das winzige Jungtier selbstständig den Weg von der Geburtsöffnung bis in den Beutel zurück, wo es nach weiteren sechs bis sieben Monaten zum ersten Mal aus dem Beutel schaut.

S. 38–39: Seit 1977 ermöglicht der Kinderzolli die Mitarbeit bei der täglichen Pflege der Tiere. Auf diese Weise vermittelt er Generationen von Kindern eine tiefe Verbindung zu Tieren und damit den Respekt vor der Natur.

S. 40: Das Zwergzebu ist eine tropische Kleinrind-Rasse und stammt ursprünglich aus Sri Lanka. Charakteristisch sind die imposanten Hörner und der Buckel am Widerrist.

S. 41: Kamele waren lange Zeit ein fester Bestandteil des Kinderzolli. 2005 gab man ihre Haltung auf, weil der Grössenunterschied von Kindern und Kamelen die Pflege anspruchsvoll machte. Dafür wurden ab diesem Jahr die Lamas stärker in den Kinderzolli-Alltag einbezogen.

S. 50–51: Präriebisons sind Wiederkäuer und fressen fast ausschliesslich Gras. In der Natur lebten sie in den offenen Graslandschaften Nordamerikas, inzwischen meist nur noch in Schutzgebieten und Nationalparks.

S. 56: Seelöwenpfleger Markus Ruf sorgte in den 1970er-Jahren mit legendären Tiervorführungen für volle Zuschauerränge. Das Training für Seelöwen findet noch heute täglich statt.

S. 57: ‹Abraham› war ein besonders zutraulicher Rosapelikan. Er war 1972 im Zoo von Hand aufgezogen worden und genoss die Gesellschaft von Menschen fast mehr als die seiner Artgenossen.

S. 64–65: Mufflons sind die Vorfahren unserer heutigen Hausschafe. Sie gelten als sehr genügsam und widerstandsfähig.

S. 66–67: Zwergflusspferde sind im feuchten, sumpfigen Regenwald Westafrikas heimisch. Sie sind Einzelgänger und verstecken sich bei Gefahr im dichten Wald.

S. 68–69: Panzernashörner halten sich sehr gerne im Wasser auf. Sie tauchen sogar nach Wasserpflanzen und bringen sie zum Fressen an die Oberfläche.

S. 76–77: Javaneraffen gehören zu den wenigen Primatenarten, die nicht wasserscheu sind. Sie sind Allesfresser und ernähren sich von Früchten, Insekten, kleinen Wirbeltieren und sogar Fischen und Krabben.

S. 82–83: Seit 1951 hat der Zoo Basel am Dorenbach einen zweiten Eingang. Die Plakate zeigen den im selben Jahr importierten Nashornbullen ‹Gadadhar› in dreifacher Ausführung.

S. 92–93: Obwohl der Hals der Kordofan-Giraffe etwa zwei Meter lang ist, besteht er – wie bei uns Menschen – aus sieben, allerdings säulenförmigen Halswirbeln. Dank starrer Halsarterienwände und einem etwa doppelt so hohen Blutdruck wie bei anderen Säugetieren gelangt auch bei der Giraffe das Blut vom Herzen bis in den Kopf. Ein spezielles Gewebe vor dem Gehirn und Klappen an den Halsvenen verhindern wiederum, dass der Blutdruck beim Senken des Kopfes zu schnell sinkt.

S. 100–101: Das Antilopenhaus aus dem Jahr 1910 ist denkmalgeschützt. Es wurde schon mehrfach modernisiert, letztmals 2021. Die Aufnahme zeigt das Haus im Jahr 2009.

S. 106–107: Okapis sind scheue Waldbewohner und wurden erst im späten 19. Jahrhundert von westlichen Forschern entdeckt. Ihr letztes Rückzugsgebiet ist der Ituri-Regenwald im Osten der Demokratischen Republik Kongo.

S. 112–113: Die Zwergmangusten teilen sich das Revier mit den Nilkrokodilen. Die ungewöhnliche Gemeinschaft funktioniert, weil Krokodile an Land nicht aktiv auf die Jagd gehen. Die Zwergmangusten ihrerseits wissen, dass sie einem Krokodil besser nicht vors Maul laufen – und suchen Schutz in Büschen und Baumstämmen, wenn ihre grossen Mitbewohner in der Nähe sind.

S. 116–117: Löwen haben ausser dem Menschen kaum Feinde. Sie können es mit jedem Angreifer aufnehmen.

S. 132–133: Flamingos kommen in Salzseen und Lagunen in Europa, Afrika und Asien vor. 1959 schlüpften im Zoo Basel weltweit die ersten Rosaflamingos in Menschenobhut, seither sind über vierhundert Küken zur Welt gekommen.

S. 138–139: In den trockenen Sand- und Steinwüsten Nordafrikas, wo die Hornviper lebt, ist Wasser ein rares Gut. Die Schlange kommt ohne Trinkwasser aus und bezieht Flüssigkeit von den kleinen Säugetieren und Echsen, die sie frisst.

S. 140–141: Scharlachspinte fangen Insekten in der Luft und können im Flug blitzschnell die Richtung ändern, um die Beute zu erwischen.

S. 144–145: In den 1950er-Jahren ging der Zoo mit seinen fünf Afrikanischen Elefanten, die 1952 als Jungtiere nach Basel gekommen waren, regelmässig in der Umgebung spazieren. Die Aufnahme zeigt sie 1953 auf dem Barfüsserplatz.

S. 152–153: Der Kontakt zwischen Mensch und Tier im Zoo Basel hat sich in den vergangenen Jahrzehnten fundamental geändert. So nah wie auf dieser Aufnahme von 1946 kommt das Publikum den Elefanten heute nicht mehr.

S. 160–161: Rüsselhündchen besitzen einen meisterhaften Geruchssinn. Mit ihrem sehr beweglichen Rüssel durchwühlen sie Laub und Erde nach Insekten.

S. 162–163: Störche sind keine Zolli-Tiere, sondern Bewohner zwischen den Gehegen. Seit 1948, als der Storch in der Schweiz ausgestorben war, unterstützt der Zoo Basel seine Wiederansiedlung – etwa mit künstlichen Horsten wie hier auf der Tembea-Anlage. Heute haben sich die Weissstorchbestände in der Schweiz wieder erholt.

S. 172–173: Pelikane sind tagaktive Vögel. Ihr Schlafverhalten lässt sich im Zolli deshalb nur in Ausnahmefällen beobachten – wie etwa während der Zoo-Nacht, die jeweils im Sommer stattfindet.

S. 174–175: Der lange, abwärts gebogene Schnabel ist typisch für Ibisvögel, denen auch der Waldrapp angehört. Mithilfe empfindlicher Tastorgane im Schnabel spürt er im Erdreich Spinnen und Würmer auf.

S. 176–177: Rosapelikane schliessen sich in grossen Brutkolonien zusammen. Eine der grössten in Äthiopien umfasst über zehntausend Tiere.

S. 178–179: Mit ihrem metallisch schillernden Gefieder zählen Kragentauben mit zu den buntesten Vögeln im Tierreich. Der Kragen aus langen Nackenfedern ist charakteristisch für diese südostasiatische Taubenart.

S. 184–185: Die langen, verstrubbelten Kopffedern haben dem Krauskopfpelikan seinen Namen gegeben. Der Kopfschmuck ist während der Brutzeit jeweils besonders auffällig.

S. 190–191: Totenkopfäffchen zählen mit einer Grösse von rund dreissig Zentimetern zu den kleineren Primatenarten. Neben den Früchten und Insekten, die sie als Futter erhalten, bedienen sie sich auf der natürlich gestalteten Affeninsel gerne selbst an Wildkräutern, Knospen, Blättern und Blüten oder fangen Insekten.

S. 192–193: Orang-Utans sind meisterhafte Beobachter. Sie suchen jedoch selten den direkten Blickkontakt, sondern beobachten aus dem Augenwinkel heraus. Obwohl sie manchmal teilnahmslos wirken, nehmen sie ihre Umwelt tatsächlich sehr genau wahr.

S. 200–201: Der 1930 eröffnete Affenfelsen, hier auf einer Aufnahme von 1932, war beim Publikum äusserst beliebt und die Javaneraffenhorde stadtbekannt. 2009 wurde der Felsen abgerissen, um dem Bau der Affen-Aussenanlage Platz zu machen.

S. 210–211: Strausse stecken ihren Kopf bei Gefahr nicht in den Sand, wie ihnen nachgesagt wird. Vielmehr legen Jungtiere ihren Hals und Kopf in gefährlichen Situationen flach auf den Boden, um Feinden eine möglichst geringe Silhouette zu bieten. Adulte Strausse rennen davon oder treten kräftig mit den Beinen, falls eine Flucht nicht möglich ist.

S. 212–213: Jedes Zebra hat ein einzigartiges Streifenmuster, ähnlich wie ein Fingerabdruck. Es hält lästige Insekten fern, da die Streifen deren Sicht irritieren.

S. 218–219: Flusspferde produzieren über Drüsen in der Haut ein rotbraunes, schleimiges Sekret. Dieses überzieht ihre beinahe unbehaarte Haut und wirkt wie Sonnencrème.

S. 220–221: Flusspferde können ihr Maul über einen Meter weit öffnen. Bei Revierkämpfen drohen sie einander mit weit aufgesperrtem Kiefer und verletzen sich gegenseitig mit den langen Eckzähnen.

S. 226–227: Die Rio-Pescado-Harlekinkröte ist von der Ausrottung bedroht, weil seit den 1980er-Jahren ein Hautpilz die Bestände drastisch minimiert. Ein Zuchtprogramm, an dem sich der Zoo Basel beteiligt, sichert den Arterhalt.

S. 230–231: Der Tigerpython gehört mit einer Länge von bis zu sieben Metern zu den grössten Schlangen der Welt. Er bekommt im Zoo etwa einmal im Monat ein totes Kaninchen zu fressen.

S. 234–235: Königspinguine tauchen bei der Jagd nach Sardinen und Tintenfischen meist 50 Meter tief. Forschende haben aber auch schon Tiere beobachtet, die bis zu 240 Meter tief kamen.

S. 236–237: Einsiedlerkrebse haben ein weiches und verletzliches Hinterteil, weshalb sie sich in Muscheln, Schneckenhäusern oder ähnlichen hohlen Gegenständen einquartieren. Sobald eine ‹Wohnung› zu klein wird, suchen sie sich eine neue. Entgegen ihrem Namen leben Einsiedlerkrebse in Gruppen und sind keine Einzelgänger.

S. 242–243: Der Oktopus ist ein geschickter Jäger: Er nutzt seine langen Tentakel zum Fangen der Beute und setzt sogar Werkzeuge wie zum Beispiel Steine ein, um Muscheln aufzuknacken.

S. 256: Wenn sich ein Zootag dem Ende zuneigt, spazieren die Minipigs von der Aussenanlage zurück zum Kinderzolli. Dort wartet auf die Allesfresser eine Ration Futter.

Literatur

Archivquellen

Staatsarchiv Basel-Stadt (StABS): Archiv des Zoologischen Gartens Basel 1874–1989 (PA 1000a).

StABS: Verein der Freunde des Zoologischen Gartens Basel 1918–1999 (PA 1000c).

StABS: Bildarchiv des Zoologischen Gartens Basel 1874–1999 (BSL 1001).

Verein der Freunde des Zoologischen Gartens Basel (Hg.): Zolli. Bulletin des Zoologischen Gartens Basel (ab 2006: Zoo Basel Magazin). Basel 1958–2023 (StABS PA 1000c J 1).

Zoologischer Garten Basel (Hg.): Geschäfts- bzw. Jahresberichte des Verwaltungsrats, Basel, 1873–2023 (StABS PA 1000a C 1).

Sekundärliteratur (Auswahl)

Baur, Bruno et al.: Vielfalt zwischen den Gehegen. Wildlebende Tiere und Pflanzen im Zoo Basel. Basel 2008.

Blaser, Werner: Kurt Brägger. Zoo Basel 1953–1988. Gartengestaltung. Landscape Design. Basel 2002.

Burkhardt, Louanne: Der Zoologische Garten Basel 1944–1966. Basel 2021.

Geigy, Rudolf: 75 Jahre Zoologischer Garten Basel. Basel 1949.

Geigy, Rudolf et al.: 100 Jahre Zoologischer Garten Basel, 1874–1974. Basel 1974.

Häfliger, Lorenz; Hess, Jörg: Zoologisches in Basel. Basel 1979.

Hediger, Heini: Exotische Freunde im Zoo. Basel 1949.

Hediger, Heini: 75 Jahre Zoologischer Garten Basel. Jubiläumsführer. Basel 1949.

Hediger, Heini: Wildtiere in Gefangenschaft. Ein Grundriss der Tiergartenbiologie. Basel 1942.

Hess, Jörg: Luthers Kaninchen und des Teufels wilde Horden. Basel 2005.

Hess, Jörg: Menschenaffen – Mutter und Kind. Basel 1996.

Sarasin, Fritz: Geschichte des Zoologischen Gartens in Basel 1874–1924. Zur Feier des 50jährigen Bestehens. Basel 1924.

Staehelin, Balthasar: Völkerschauen im Zoologischen Garten Basel. 1879–1935. Basel 1993.

Stemmler-Morath, Carl: Freundschaft mit Tieren. Erlenbach-Zürich 1941.

Zoologischer Garten Basel (Hg.): Elefantastisches aus dem Zoo Basel. Elefantengeschichten von Persönlichkeiten des Basler Zoos. Basel 2012.

Zoologischer Garten Basel (Hg.): Das Okapi hat Husten. Geschichten aus dem Alltag eines Zootierarztes. Basel 2016.

Zoologischer Garten Basel (Hg.): Zoo Basel. 2 Bde. Basel 1999.

Bildnachweis

Basellandschaftliche Zeitung
S. 170 (Robert & William Silfort, 19.8.1881; Walfisch-Skelett, 13.7.1888)

cr Werbeagentur AG
S. 88 (Ganz nah beim Tier), Idee, Konzept und Umsetzung 2007–2012 © cr Werbeagentur AG

DD COM AG
S. 89 (Zolli ist …), Idee, Konzept und Umsetzung 2023 © DD COM AG

jjsscc GmbH
S. 88 (Zoo-Alphabet), Idee, Konzept und Umsetzung 2020-2022 © jjsscc GmbH

Plakatsammlung der Schule für Gestaltung Basel
S. 85: Giraffenplakat (Ernst Keiser); S. 86: Seelöwe (Urs Eggenschwyler); S. 87: Eisbär (anonym); S. 87: Elefantenhaus (Emil Beurmann); S. 87: Nashorn (Werner Voellmin); S. 87: Zebrastreifen (Ruodi Barth); S. 88: Vivarium (Celestino Piatti); S. 88: Tiger (Fritz Hellinger)

Privatarchiv Markus Ruf
S. 56 (Jörg Hess)

Staatsarchiv Basel-Stadt (StABS)
S. 37: BSL 1001 G 1.3.5.3 (Emil Buri); S. 38–39: BSL 1001 A 1.73.1 (Jörg Hess); S. 41: BSL 1001 A 1.73 (Elsbeth Siegrist-Knöll); S. 43: BSL 1001 A 1.73 (Elsbeth Siegrist-Knöll); S. 54: Fotoalbum Walter Leuthard (Abl. 2019/84, 2/5 Album 1); S. 55: Fotoalbum Walter Leuthard (Abl. 2019/84, 2/5 Album 1); S. 57: BSL 1001 C1 (Jörg Hess); S. 70: Fotoalbum Walter Leuthard (Abl. 2019/84, 2/5 Album 2); S. 72: BSL 1001 A 4.18 (Paul Steinemann); S. 73: BSL 1013 3-7-556 3 (Hans Bertolf); S. 82–83: BSL 1001 A 1.63.5 (Elsbeth Siegrist-Knöll); S. 87 (Tier-Verlosung): BSL 1001 O 8.1; S. 95: BSL 1001 O 1.2 (Hans Bertolf); S. 96–97: BSL 1001 A 1.29.1 (Elsbeth Siegrist-Knöll); S. 119: BSL 1060c 3/1/4578 (Foto Jeck); S. 129: BSL 1001 N 3.2.1 (Alfred Mutz); S. 130–131: BSL 1001 G 1.3.12.1 (H. Besson); S. 143: BSL 1001 G 1.3.21.1 (Gustav Merian); S. 144–145: BSL 1001 G 3.3.59 (Walter Höflinger); S. 146: BSL 1001 A 2.95.3.1 (Paul Steinemann); S. 149: BSL 1001 A 4.46.2 (Paul Steinemann); S. 152–153: BSL 1013 3-7-62 (Hans Bertolf); S. 164: BSL 1001 A 1.77.1 (Elsbeth Siegrist-Knöll); S. 166–167: BSL 1001 K 3.2; S. 168: BSL 1001 M 3 (Adolf Wendnagel); S. 171: BSL 1001 A 1.63.6 (Paul Steinemann); S. 194: BSL 1001 A 1.30.19.7 (Paul Steinemann); S. 196–197: BSL 1001 F 1; S. 200–201: BSL 1001 E 28.1; S. 214: BSL 1001 A 1.72.1 (Claire Roessiger); S. 216–217: BSL 1001 A 1.72.2 (Elsbeth Siegrist-Knöll)

Zoo Basel
Fotoarchiv Jörg Hess: S. 20
Stefan Leimer: S. 1; S. 2–3; S. 4; S. 7; S. 8–9; S. 10; S. 12–13; S. 14–15; S. 16–17; S. 18; S. 21; S. 22–23; S. 26–27; S. 28; S. 31; S. 32; S. 33; S. 40; S. 44; S. 45; S. 46; S. 48; S. 49; S. 50–51; S. 52; S. 58; S. 60; S. 61; S. 64–65; S. 68–69; S. 74–75; S. 76–77; S. 79; S. 80; S. 81; S. 90; S. 92–93; S. 99; S. 102; S. 105; S. 106–107; S. 109; S. 110; S. 111; S. 112–113; S. 115; S. 116–117; S. 120–121; S. 122–123; S. 124; S. 126; S. 127; S. 132–133; S. 136–137; S. 138–139; S. 140–141; S. 150–151; S. 155; S. 158–159; S. 160–161; S. 162–163; S. 172–173; S. 174–175; S. 176–177; S. 178–179; S. 180; S. 182–183; S. 184–185; S. 186; S. 188; S. 189; S. 190–191; S. 198–199; S. 202; S. 204–205; S. 206; S. 209; S. 210–211; S. 212–213; S. 218–219; S. 220–221; S. 224; S. 225; S. 226–227; S. 228; S. 230–231; S. 233; S. 234–235; S. 236–237; S. 238; S. 240–241; S. 242–243; S. 244; S. 246–247; S. 256
Torben Weber: S. 24–25; S. 34–35; S. 45; S. 63; S. 66–67; S. 100–101; S. 104; S. 135; S. 156; S. 192–193; S. 222; S. 225

Autorin und Autor

Jennifer Degen (*1982) ist Historikerin und Journalistin, Lukas Meili (*1986) hat Geschichte und Archäologie studiert. Sie führen gemeinsam das Atelier Degen + Meili, schreiben Bücher, kuratieren Ausstellungen und suchen mit Leidenschaft nach historischen Quellen, Ereignissen und Erinnerungen.

Degen + Meili sind seit über zehn Jahren regelmässig für den Zoo Basel tätig und haben unzählige Beiträge zur Zoogeschichte verfasst. Auch der Podcast des Zoo Basel, das ‹Zolli-Radio›, wurde von ihnen produziert.

Dank

Ein Buch wie dieses wäre nicht möglich ohne die Unterstützung zahlreicher Personen. Wir möchten uns bei allen bedanken, die zu seinem Gelingen beigetragen haben.
Ein besonderer Dank geht an:

- René Bürge, Regine und Ernst Degen, Iris Meili-Baur und Peter Wittwer für das sorgfältige Gegenlesen und die wertvollen inhaltlichen Rückmeldungen;
- die Buch-Arbeitsgruppe des Zoo Basel, welche die Erarbeitung von Anfang an begleitet hat: Louanne Burkhardt, Corinne Moser, Olivier Pagan, Kathrin Rapp Schürmann, Fabian Schmidt, Sarah Schnell und Christian Wenker;
- alle aktuellen und ehemaligen Zoo-Mitarbeitenden, die uns ihr grosses Wissen zur Verfügung gestellt, uns ihren Arbeitsalltag gezeigt und die Texte gegengelesen haben;
- alle Personen, die eine persönliche Erinnerung mit uns geteilt haben, insbesondere auch an jene, die es nicht ins Buch geschafft haben;
- die Fachpersonen, die an der Erstellung des Buchs beteiligt waren: Rosmarie Anzenberger für das Lektorat, Stefan Leimer für die Fotos, Andreas Hidber für die Gestaltung, Patrizia Stalder für die Illustrationen, sowie Iris Becher und Oliver Bolanz vom Christoph Merian Verlag für die Begleitung durch das ganze Projekt;
- alle weiteren Personen, die in irgendeiner Art zum Zustandekommen dieses Buchs beigetragen haben, insbesondere Tanja Dietrich, Nins Hochstrasser, Sarah Lo Russo, Leonie Manger, Enrico Regazzoni, Sabine Strebel und Elizabeth Studer.

Impressum

Diese Publikation wurde ermöglicht durch Beiträge der Christoph Merian Stiftung, der Bürgergemeinde der Stadt Basel, von Monique und Thomas Alioth-von Orelli und der Karl und Margrith Schaub-Tschudin Stiftung.

Gedruckt mit Unterstützung der Berta Hess-Cohn Stiftung, Basel.

Bibliografische Information der Deutschen Nationalbibliothek: Die Deutsche Nationalbibliothek verzeichnet diese Publikation in der Deutschen Nationalbibliografie; detaillierte bibliografische Daten sind im Internet über http://dnb.dnb.de abrufbar.

Herausgeber
Zoo Basel
Autor:innen
Jennifer Degen, Lukas Meili; Atelier Degen + Meili
Lektorat
Rosmarie Anzenberger, Basel
Gestaltung
Andreas Hidber, accent graphe, Basel
Illustration
Patrizia Stalder, Basel
Lithos
Andreas Hidber, accent graphe, Basel

Druck
Gremper AG, Basel/Pratteln
Bindung
Buchbinderei Grollimund AG, Reinach
Schriften
Lexicon No2, Circular Std.
Papiere
150 g/m^2 Refutura Blauer Engel FSC (Schutzumschlag)
180 g/m^2 Winter Toile Ocean (Bezug)
150 g/m^2 GrasPapier Natur FSC (Vor- und Nachsatz)
120 g/m^2 Refutura GSM Blauer Engel FSC (Inhalt)
120 g/m^2 GrasPapier Natur FSC (Einleger)

Im Sinne des Umwelt- und Klimaschutzes wurde dieses Buch bewusst nach hohen ökologischen Gesichtspunkten und mit lokalen Dienstleistern produziert. Alle Papiere stammen aus verantwortungsvollen Quellen und nachhaltiger Waldwirtschaft (FSC). Das Inhaltspapier ist ein Recyclingpapier mit dem Blauen Engel (RAL-UZ 14a); das Bezugsmaterial des Umschlags ist der erste Bucheinband, der Garne enthält, die aus im Meer gebundenem Plastik gewonnen werden. Toile Ocean wurde vom Schweizer Unternehmen Winter & Company AG in enger Zusammenarbeit mit dem Basler Start-up tide ocean SA entwickelt. Die Einschweissfolie ist zum grossen Teil aus Reststoffen der Papierindustrie recycelt.

gedruckt in der schweiz

ISBN 978-3-03969-022-0

merianverlag.ch
zoobasel.ch